IT Text

情報処理学会 編集

情報システムの
分析と設計

伊藤　潔
明神　知
冨士　隆
川端　亮　共著
熊谷　敏
藤井　拓

Ohmsha

はしがき

　ダウンサイジング，高性能化，大容量化，広域化されたコンピュータのハードウェアやソフトウェア，ネットワークのデジタル技術を使って，ビジネス，産業，教育，社会のさまざまな分野での個々の活動を効率化していきたい，情報システム化していきたいというニーズがこれまで以上に高まってきている．このため，情報システムの開発の方法論に関する学習の充実を図っていく必要がある．

　本書では，情報システムの分析と設計について学ぶ．

　第1章では，情報システムの背景，定義，数々の事例を述べた後，情報システム開発の分析，設計，実装で行うことや，分析と設計の対比，開発過程のモデルなどを概観する．

　第2章では，経営戦略のシステム要件への展開と，再利用部品の進化に沿って現在でも有用なモデリング開発について解説する．

　第3章では，高品質ソフトウェア開発に活用され，現在のアジャイル開発などにも影響を与えたクリーンルーム開発と，システムとして安全性を考えるセーフウェア，デジタル技術を活用した企業システム開発手法としてサービスデザイン思考，システム思考によるデジタルビジネス開発方法論を取り上げる．

　第4章では，企業情報システムを，一連の精巧な開発技法を体系的に組み合わせて適用して開発するIE（Information Engineering）を紹介する．情報システム開発方法の大きな潮流の変化についてもまとめた．

　第5章では，アジャイル要求とアジャイル開発を，学生向けのサービス向上のための大学教務システムのデジタル化（スマートフォン，クラウド等の活用）を題材として説明する．

　第6章では，ユースケース図，シーケンス図，オブジェクト図，状態マシン図，配置図などのUML図で対象システムを分析・設計する．

　第 7 章では，情報システムの分析に用いられるダイアグラムの中から，データフロー図，ER 図，ペトリネットによってセミナ情報システムを例にして分析・設計する．

　第 8 章では，業務分析，業務見直し，システム設計の観点で，IDEF で対象システムを分析・設計する．

　情報システムの分析と設計の学習では，この分野の先人の提案したダイアグラムや手法などを知識として蓄積したうえで，それらを個々の分野に適用する知恵の蓄積も必要である．いろいろな手法や記法を知ることとともに，個々の対象に具体的に適用する努力，試みの積み重ねが重要である．そのようにして，より実践的な学習ができると考える．

　各章には，演習問題を本文の中に，随時，穴埋め等の形式で入れている．読みながら記入していけば理解が増進すると考える．本書が情報システムの分析と設計の学習の一助になれば幸いである．

　執筆は，第 1 章・第 6 章・第 7 章は伊藤 潔と川端 亮，第 2 章・第 3 章は明神 知と冨士 隆，第 4 章は冨士 隆，第 5 章は藤井 拓，第 8 章は熊谷 敏がそれぞれ担当した．

　なお，本書は，『IT Text ソフトウェア工学演習』（2001 年発行）の改題・改訂書籍である．

　最後に，本書の出版にあたってお世話になった情報処理学会教科書編集委員会ならびにオーム社編集局の皆様に感謝する．

2022 年 1 月

著者らしるす

目　　次

第4章　I E

第5章　アジャイル開発

第6章　UML によるシステム記述

第 **7** 章　データフロー図，ER 図，ペトリネットによる
　　　　　システム記述

第1章

情報システムの開発

本章では，情報システムの背景，定義，数々の事例を述べた後，情報システム開発の分析，設計，実装で行うこと，分析と設計の対比，開発過程のモデルなどを概観する．

■ 1.1　ソフトウェア指向から情報システム指向へ

　　ダウンサイジング，高性能化，大容量化，広域化など，コンピュータのハードウェアやソフトウェア，ネットワークの技術の進展に伴い，ビジネス，産業，教育，社会のさまざまな分野で，コンピュータを活用したい，情報システム化していきたいというニーズがいっそう高まってきている．そのため，情報システムの開発技術者による開発はもとより，個々の分野に携わる人たちが自らシステムを開発していくことも必要になってきている．情報システム開発の方法論の教育・訓練の充実を図って，このようなニーズに見合うように社会全体の情報システム開発の能力を高めていく必要がある．

　　コンピュータ，あるいは，日本語の電子計算機ほど実態に即していない言葉はない．計算する機構をハードウェアとして固定しておき，メモリの中に計算のためのプログラムを置いて，所望の計算を人よりもとても速く計算できるものであった．プログラムを置き換

えると別の計算を行う機械となる．プログラムを総称してソフトウェアというが，このソフトウェアの中に計算することも含めていろいろな手順を入れて，人の仕事へ効率的に役立たせようと考えるようになった．例えば，座席の予約業務，銀行の業務など，それぞれに必要な手順をプログラム化しておき，仕事を効率化していった．こうなると，単なる計算機ではなくなった．

　業務のためのソフトウェアを入れるコンピュータは，初期は相当大きなものであった．コンピュータとこれを使う端末もあまりバリエーションはなく，ソフトウェアの中にどのような手順を作り込むかが開発の大きな課題であった．作り込むことはハードウェアを離れてソフトウェア指向であるが，コンピュータの役割を計算のためだけに限定していたときから見ると，人とその業務のためになり，情報システム指向の萌芽である．

　時が移り，ダウンサイジングされたさまざまな種類のサーバ（と呼ばれるコンピュータ）が数多くネットワーク上に結合できるようになった．その個々の容量は膨大で，また，処理速度は高速である．そこにつながれているファイルやデータベースも極めて大容量となった．人が使う入出力の手段も，現場や店舗などの専用端末だけでなく，PC，携帯端末，スマートフォンなど多様なものとなってきている．このため，現在は，ビジネス，産業，教育，社会のさまざまなシステム化の要求を満たすために，極めて多様な形態を取り得るシステム構成の中から適切な構成を選択し，その上にさまざまな規模のソフトウェアを構築して，システムを開発している．開発の対象は，単にソフトウェアにとどまらず，システム全体を包含したものである．現在は，情報システム指向の開発となっている．そもそも現代のシステム開発は，ソフトウェアだけの開発で済むものではなく，システム構成を含めたものである．

　情報システム指向では，システム全体で行うべき機能を，複数のサーバや多くの端末にどのように分担するか，それらがどのように連携するか，ハードウェア，ネットワーク，ソフトウェアを総合的かつ組織的に捉えて，また，ユーザとシステムの役割分担，互いの連携（インタフェース）も捉えて開発を進める．

■ 1.2 情報システムを学ぶ人たちへ

「情報」は，いろいろな物理的なもの自体を扱うのではなく，そういう物理的なものや，出来事なども含めた，事物のもっている，そのありさま，様子，状態，意味，知識である．これらを扱って処理する論理的な仕組みが，プログラムやソフトウェアである．

「情報分野」は，ものを体系化する，分析する，合成するための分野と異なり，対象は情報自体で，情報を体系化する，分析する，合成するための分野である．

「情報システムの分野」では，まず日常の業務や身のまわりで，ICT 技術を使って組織化，効率化したい課題を発見する．この課題を解くために，どのようなことを情報化しておけばよいか，その情報をどのような手順で処理するかを，どうすれば機能的にうまくいくのか，どうすればユーザにとって使いやすいのか，どうすれば無駄な時間や資源を使わないで済むのかについて検討する．

「課題の発見，その課題の分析，課題を解く処理手順の設計，ICT 技術を使ったシステム化」という分析・設計・システム化の方法は，一見自明のようだが，必ずしも平易なものではない．解き方などを教えてもらえないような問題が，世の中には無数にある．このために，組織的に事物を分析したり設計したりする能力がこれからますます必要になる．これはもちろん，コンピュータに直接関係するものに限らず多くの事物を分析したり設計したりするときに必要になっている．

情報システムの分野は，「情報の，情報による，情報のための分野」ではなく，「情報の，情報による，情報以外のための分野」である．この分野の特性上，情報分野の原理・原則をもったうえで，ICT 技術をさまざまな分野に適用することが多い．このときに，適用する先の分野の原理・原則の理解が必要となる．例えば，機械に組み込まれたシステムでは情報と機械の 2 つの原理・原則が必要である．同様に，電気装置に組み込まれたシステムでは情報と電気の，化学プラントに組み込まれたシステムでは情報と化学の，医療を対象にすれば情報と医療分野の，福祉を対象にすれば情報と福

　祉分野の，経営を対象にすれば情報と経営学の，運輸を対象にすれ
ば情報とロジスティクスの，というようにそれぞれ 2 つの分野の
原理・原則が必要である．

　情報系の仕事では，情報分野の原理・原則を基本にして，適応対
象の分野の原理・原則を修得しながら，「分野にまたがった原理・
原則をもったビュー」が必要である．

1.3　情報システム

1．情報システムとは

情報システム：
information
system

　情報システムはさまざまな定義があるが，本書では，「ビジネス，
産業，技術，教育，行政，社会などのさまざまな活動や業務を，コ
ンピュータ支援のもとで効果的に遂行するシステム」と定義する．
それぞれの活動や業務を実現するために，コンピュータや入出力機
器，ネットワークからなるシステムの構成を決め，その上に必要な
ソフトウェア（**アプリケーションプログラム**）を搭載して，情報シ
ステムは構成される．

アプリケーション
プログラム：
application
program

　「**XX**」が支援すべき活動や業務を表すとして，その支援のための
情報システムは，**XX** 情報システム，**XX** システムと呼ばれる．

アプリケーショ
ン：application
program,
application

　アプリケーションプログラム，あるいは単にアプリケーション
は，"apply a computer to a specific domain or activity" の意味合
いで，ある分野やある作業にコンピュータを適用するために開発さ
れたプログラムのことである．英語での略称は app で，日本語で
はアプリといわれている．

2．情報システムの例
（a）学事情報システム

　大学の学事情報システム（図 1.1）では，職員は科目設定を，学
生は履修登録を，教員は成績登録を行う．このシステムのデータベ
ースには，科目表，履修登録表，成績表が置かれている．これらの
表は，ユーザの種類に応じて，閲覧，更新される．職員によって作
成された科目表は，学生によって参照され，学生は自分の履修科目

をシステムに送れば，履修登録表の中に記入される．教員は履修登録表を受け取って講義を進め，時期がきたら学生の成績を送る．これが成績表の中に記入される．このシステムは，これら以外にも成績表発行，進級や卒業の判定にも使われる．

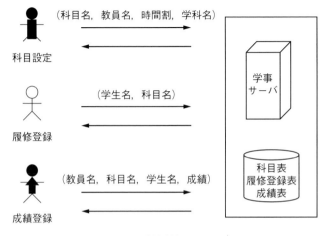

図 1.1　学事情報システム

三層アーキテクチャ：three-tiered architecture

　図 1.2 は，学事情報システムを三層アーキテクチャで表したものである．

プレゼンテーション層	職員用インタフェース ・科目設定画面 ・成績集計画面 ・成績記入画面	学生用インタフェース ・履修登録画面 ・成績表取得画面	教員用インタフェース ・履修者表示画面 ・成績登録画面
アプリケーション層	職員用アプリケーション ・科目設定処理 ・成績集計処理	学生用アプリケーション ・履修登録処理 ・成績表取得処理	教員用アプリケーション ・履修者表示処理 ・成績登録処理
データ層	情報を蓄積・更新 　　学生表 　　科目表 　履修登録科目表 　　成績表		

図 1.2　学事情報システムの三層アーキテクチャ

　三層アーキテクチャでは，下層にシステムに必要な情報を蓄積するデータ層を配置する．中層はアプリケーション層であり，アプリケーションプログラムが配置され，情報システムの提供するサービスを行う．上層はプレゼンテーション層であり，ユーザに対するユーザインタフェースである．

　ユーザの行いたいことをプレゼンテーション層で捉え，その内容によってアプリケーション層にある必要なアプリケーションプログラムを起動し，データ層にある必要な情報を使って処理する．その結果をプレゼンテーション層のユーザインタフェースに伝える．学生が使用する端末にはコンピュータやスマートフォンなどがあるが，プレゼンテーション層での見え方が異なるだけで機能的には同等である．

　職員，学生，教員は，プレゼンテーション層でそれぞれのインタフェースの画面で仕事を行う．アプリケーション層には，それぞれに応じて処理のためのアプリケーションが用意されている．データ層にはアプリケーションに必要な情報が置かれていて，アプリケーションごとにそれぞれの参照や更新を行う．

（b）POS システム

POS：Point Of Sales

　コンビニエンスストア（CVS）やスーパーマーケットでは POS 端末を使って，図 1.3 に示すとおり，商品販売時にバーコードなどから商品 ID などが入力され，商品台帳を参照して，その価格が端末に表示され，顧客ごとに売られた商品の合計額が集計される．これに加えて，商品別に，売上げ個数が集計され，在庫数が把握・管

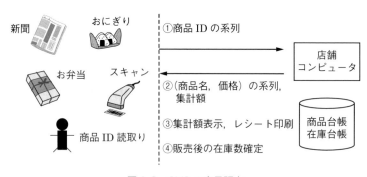

新聞　おにぎり　①商品 ID の系列　店舗コンピュータ

お弁当　スキャン　②（商品名，価格）の系列，集計額

商品 ID 読取り　③集計額表示，レシート印刷　商品台帳 在庫台帳

④販売後の在庫数確定

図 1.3　CVS の商品販売

理され，発注に必要な情報が自動的に収集される．

　図1.4では，検品端末で在庫数を把握し，発注端末で商品の発注が行われる．この情報は，店舗コンピュータから本部サーバを通じて，商品供給元に注文される．

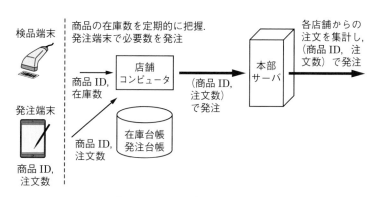

図 1.4　CVS の在庫管理と発注

　図1.5では，商品が搬入されたときに，商品，数量を発注台帳と照合し，在庫台帳を更新する．

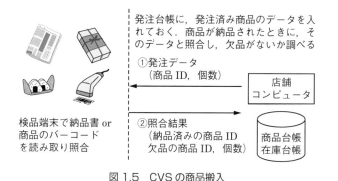

図 1.5　CVS の商品搬入

　図1.6は，POSシステムでの公共料金の支払い，代理収納を表す．バーコードには，請求書発行企業コード，取引番号，顧客コード，支払い金額などが記されている．店舗コンピュータはそれを読み取り，顧客から代金を受け取る．この後，本部サーバを介して，

収納代行企業にどの支払いがあったかを知らせる．店運営会社，収納代行企業，収納依頼企業の三者の銀行口座間でお金の移動があって支払いが完了する．

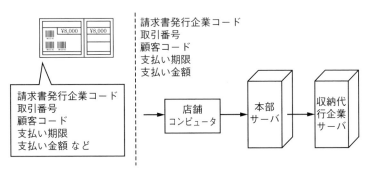

図 1.6　公共料金の支払い（代理収納）

（c）鉄道座席予約システム

　図 1.7 は，鉄道座席予約システムの乗客の予約に関する画面，処理，参照・更新される情報が表されている．

プレゼンテーション層	情報を表現 ・メニュー画面 ・空席照会の条件入力画面 ・列車の一覧表示画面 ・予約画面 ・キャンセル画面 ・支払い画面
アプリケーション層	応用に応じた情報処理 ・列車の空席を照会する機能 ・列車の予約，キャンセルをする機能 ・予約の変更をする機能 ・支払いをする機能
データ層	情報を蓄積 ・路線のデータ（東海道新幹線，東北本線，…） ・駅のデータ（東京駅，品川駅，…） ・列車のデータ（のぞみ 1 号，…） ・座席のデータ（1 月 1 日，のぞみ 1 号の 1 号車座席 1 番 A 席，…） ・運賃のデータ（東京～品川間は￥xxx）

図 1.7　鉄道座席予約システムの三層アーキテクチャ

　参照・更新される情報は，路線，駅，列車，座席，運賃などのデータである．

　乗客は，メニュー画面から空席照会を行い目的地までの列車の一覧を見て，列車の選択，キャンセル，支払いをする．これに応じて，サーバ側は照会，予約，キャンセル，変更，支払いの処理をする．

　乗客が使用する端末には，駅の券売機，PC，スマートフォンなどがあるが，プレゼンテーション層での見え方が異なるだけで機能的には同等である．また，駅員による乗客との対面販売の端末は専用端末だが，これも機能的に同等である．

　航空機のチケット予約，コンサートなどのイベントのチケット予約，ホテルの客室予約も同様に構成される．

(d) 図書館システム

　図1.8に示すとおり，閉架式の図書館におけるシステムは，職員が図書貸出・返却・検索を行う．職員は図書登録などの蔵書管理も行う．大学図書館では，図書館を利用できる学生の登録も行う．サーバ（アプリケーション層）では，これに応じた図書登録，貸出，返却などの処理を行う．

　参照・更新される情報は，蔵書，学生，貸出などのデータである．

プレゼンテーション層	情報を表現 ・図書登録画面 ・図書検索画面 ・図書貸出画面 ・図書返却画面 ・学生登録画面
アプリケーション層	アプリケーションに応じた情報処理 ・図書登録の処理 ・図書検索の処理 ・図書貸出の処理 ・図書返却の処理 ・学生登録の処理
データ層	情報を蓄積・更新 ・学生表 ・蔵書管理表 ・貸出表

図1.8　図書館システムの三層アーキテクチャ

　　開架式の図書館では，学生は自分で棚から借りたい本を選択する．これを受付に行って貸し出してもらう場合は，システム的にほとんど変わらない．本に何らかの磁気的ないし電子的なタグが付いていて，自分で貸出，返却ができる場合には，貸出や返却の装置が学生用のものになり職員用の画面とは異なる．内部の処理，参照・更新される情報はほとんど変わらない．

　　地方自治体の図書館では，学生表ではなく図書館を利用する利用者のデータとなる．

(e) 銀行システム

　　図 1.9 に示すとおり，銀行システムでは，プレゼンテーション層は来客向けとし，ATM 端末で，預金，払戻，振込，残高照会を行う．サーバは，対応する預金，払戻，振込，残高照会の処理をする．必要な情報として口座台帳がある．

ATM：Automatic
Tellers Machine

プレゼンテーション層	情報を表現（ATM，PC，携帯端末による入力） ・預金の画面 ・払戻の画面 ・振込の画面 ・残高照会の画面
アプリケーション層	アプリケーションに応じた情報処理 ・預金処理 ・払戻処理 ・振込処理 ・残高照会処理
データ層	情報を蓄積・更新 ・口座台帳

図 1.9　銀行システムの三層アーキテクチャ

　　図 1.10 は，ATM での振込処理の流れを示す状態遷移図である．画面が状態を表しており，矢印は ATM で来客が行う操作を示す．

　　取引選択画面で振込を選択すると，振込金額入力画面になり，金額を入力する．次に，振込先入力画面になり，振込先口座番号を入力する．その後，現金振込の場合は現金を入れる．口座からの振込を選択すると振込元入力画面になり，口座番号を入力する．その後，送金 OK を入力すると振込処理中の表示になり，振込が終了すれば取引選択画面に戻る．

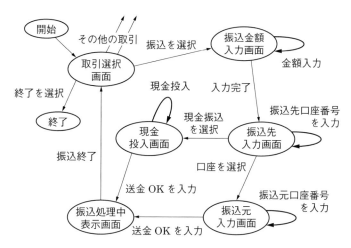

図 1.10　銀行取引の状態遷移図（表示画面を状態とする）

（f）カーナビゲーションシステム

GPS：Global Positioning System

VICS：Vehicle Information and Communication System

　図 1.11 では，車の現在位置は，GPS 衛星から得られる．道路交通情報通信システム（VICS）から道路状況（渋滞情報，工事情報）が得られる．その現在位置，道路状況と，目的地が入力されると，カーナビ内蔵サーバはもっている道路マップ（道路の平均的通行時

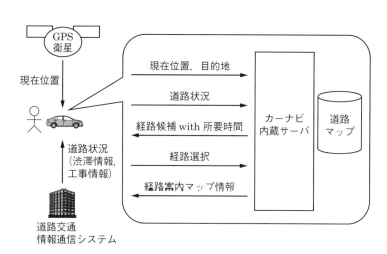

図 1.11　カーナビゲーションシステム

間情報）と照合して，目的地までの経路候補を提示する．人が経路を選択すると，経路案内マップがカーナビ画面に表示される．

　車の走行中は GPS 衛星からの情報で現在位置が更新され，カーナビ画面が変動していく．道路交通情報通信システムから更新された道路状況に合わせて選んだ経路が途中で変更されることもある．

(g) 検索システム

ウェブページ：
web page

検索エンジン：
retrieval engine

検索ロボット：
retrieval robot

　図 1.12 は，ネットワーク上で，調べたい内容をもつウェブページを検索するシステムである．PC やスマートフォンでキーワードを入力すると，検索エンジンと呼ばれるソフトウェアがネットワーク上のウェブページを調べて，そのキーワードをもつウェブページの一覧を表示する．毎回検索すると時間がかかるので，検索ロボットと呼ばれるソフトウェアが前もって自動でキーワード検索を済ませている．

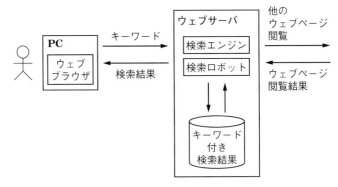

図 1.12　ウェブ検索システム

　キーワードが文字ではなく，画像や音を入力すると，その名称や関係する事項が表示されるものもある．

(h) クレジットカードによる決済

　図 1.13 はクレジットカードによる決済システムの概念図である．購入者は，銀行に口座をもち預金をしている．図ではクレジットカード番号を ID と記す．購入者が販売者にクレジットカードを提示して買い物をすると，販売者の端末からクレジットカード会社に ID と物品・サービスの価格が送信される．販売者がクレジットカ

ード会社からの認証を受信すれば，購入者の買い物は成立したことになる．クレジットカード会社は，手数料を差し引き，立て替えて販売者に送金する．図には記していないが，この送金は銀行振替えである．この後，クレジットカード会社は，立替え分を銀行に請求して，購入者の口座から引き落とす．

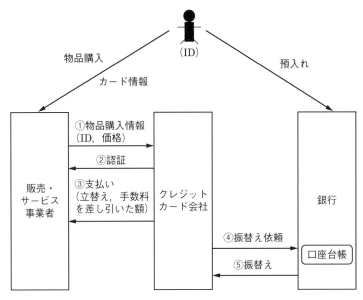

図 1.13　クレジットカード決済システム

（i）デビットカードによる決済

　図 1.14 は，デビットカードによる決済システムの概念図である．図では口座番号を ID と記す．クレジットカードによる決済と異なり，販売者の端末は銀行のシステムとやりとりする．購入者がデビットカードを提示して買い物をしようとすると，販売者の端末から ID と価格が送られる．銀行のシステムは，ID と預金残高を確認する．銀行からの認証を受信すれば，購入者の買い物は成立したことになる．銀行は，購入者の口座から引き落とし，手数料を差し引いて販売者に送金する．

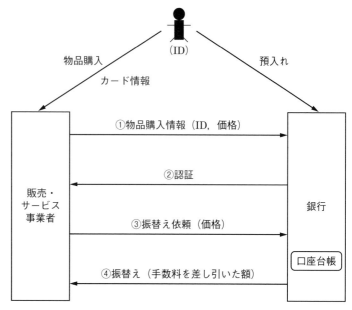

図 1.14　デビットカード決済システム

（j）電子マネー（IC カード型）による決済

　図 1.15 は，電子マネー（IC カード型）による決済システムの概念図である．これは，IC チップを内蔵する非接触型のカードを使った電子マネーによる決済である．

　購入者は前もって運営会社の端末で入金しておく（これを日本ではチャージという）．入金すると，運営会社の台帳と IC カードに入金した額が記録される．この記録のことをバリュー（value）と呼ぶ．区別するため，購入者の IC カードにあるバリューを顧客バリュー，販売者の端末にあるバリューを事業者バリューと呼んでおく．

　購入者が IC カードを提示して買い物をしようとすると，販売者の端末で IC カード内の顧客バリューが価格分だけ減らされる．逆に，販売者の事業者バリューはその分増加する．これで購入者の買い物は成立する．

　この後，販売者の端末から運営会社のシステムに向けて，この販

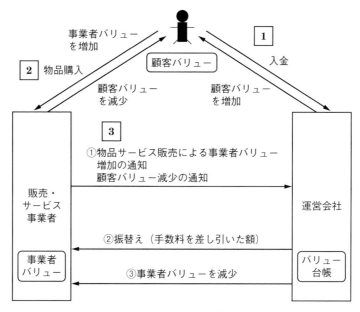

図 1.15　電子マネー決済システム

売による事業者バリュー増加と顧客バリュー減少のメッセージが送
信される.

　運営会社は，購入者から預かっている現金に対応する顧客バリュ
ーを減らし，手数料を差し引き，販売者に送金する．増加していた
販売者の事業者バリューは，この送金とともに減少する．

（k）電子マネー（サーバ型）による決済

　図 1.16 は，電子マネー（サーバ型）による決済システムである．
カードには顧客バリューは記録されない．

　この決済は，デビットカードの仕組みにおける銀行部分をこの電
子マネーの運営会社に置き換えて考えればよい．

　購入者がカードを提示して買い物をしようとすると，販売者の端
末から **ID** と価格が送られる．運営会社のシステムのサーバは，顧
客台帳の **ID** と残高を確認する．運営会社からの認証を受信すれば，
購入者の買い物は成立したことになる．この後，運営会社は購入者
の台帳から引き落とし，手数料を差し引いて販売者に送金する．電

子マネーの運営会社は，現金を預かっているため公的な承認を受けている．

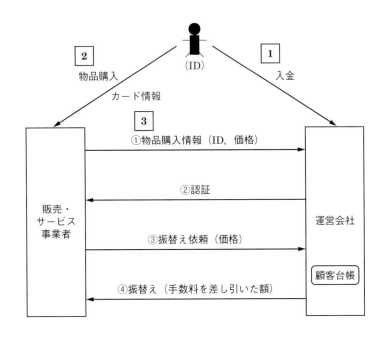

図 1.16　電子マネー決済システム（サーバ型）

(1) QR コードによる決済

QR コード：
Quick Response
code

図 1.17 は QR コードによる決済システムである．QR コードによる決済は，運営会社によって，クレジットカード，デビットカード，電子マネー（サーバ型）による決済にひも付けられる．購入者は，運営会社が提供する決済アプリを自分のスマートフォンにインストールしておく．

購入者が買い物をするとき，販売者とスマートフォンを使ってのやりとりで，購入者の ID，価格，支払い方法が埋め込まれた QR コードが，その場で購入者のスマートフォンに作られる．それを販売者の端末（スマートフォンの場合も）に提示する．この端末から，販売者 ID を付けて運営会社に送信する．スマートフォンの決済アプリが作動して，この一連の処理が行われる．

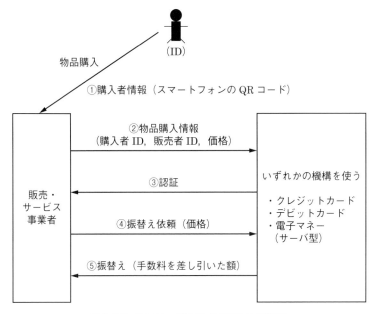

図 1.17　QR コード決済（販売者から送信）

　図 1.18 は，購入者側から運営会社に送信する方法である．金額や販売者 ID が埋め込まれた QR コードを購入者のスマートフォンで読み取って，購入者の ID，支払い方法を取り込んだ購入情報を作り，それを購入者のスマートフォンで運営会社に送信する，という方式もある．

　QR コード決済での購入者・販売者・運営会社間のやりとりの手順，QR コードの仕様などは，各社各様となる．ただし，端末は特殊なものでなく，販売者サイドの設置コストは安価なものになる．

　QR コード決済で，購入者と販売者のやりとりは，カードを使った場合に比べ，このように大きく変わっているが，運営会社からの販売者への決済は，クレジットカード，デビットカード，電子マネー（サーバ型）のいずれかの機構で行われる．

　購入者は，スマートフォンに運営会社ごとの決済アプリをインストールすれば，複数種類の QR コード決済が利用可能である．

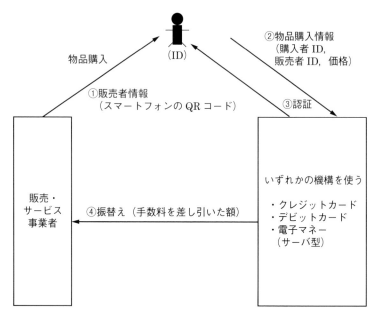

図 1.18　QR コード決済（購入者から送信）

（m）スマートフォンのタッチ決済

　図 1.19 はタッチ決済システムの概要を示したものである．QR コードによる決済と同じように，スマートフォンのタッチ決済も運営会社によってクレジットカード，デビットカード，電子マネー（サーバ型）による決済にひも付けられる．

　利用のために，スマートフォンに内蔵する IC チップに連動する決済アプリをスマートフォンにインストールしておく．

　電子マネーのカードと同じように，購入者は，スマートフォンを販売者の端末にタッチする．電子チップが起動され，スマートフォンの決済アプリが作動し，購入者情報を電子チップ経由で販売者の端末に送る．販売者端末では，QR コードによる決済と同じように，物品購入情報を作り，運営会社に送る．

　運営会社からの販売者への決済は，クレジットカード，デビットカード，電子マネー（サーバ型）のいずれかの機構で行われる．

　QR コードによる決済と同じように，スマートフォンに運営会社

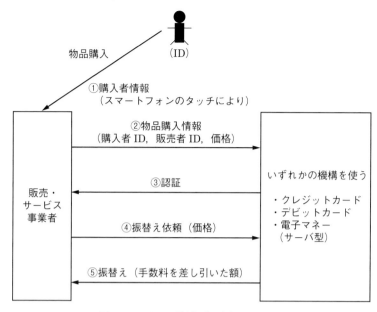

図1.19 タッチ決済（販売者から送信）

ごとの決済アプリをインストールすれば，複数種類のタッチ決済が利用可能である．

（n）ETC システム

ETC システム：
Electronic Toll
Collection
System

ETC システム（電子料金収受システム）では，ETC カードとクレジットカードがひも付けられている．

車が出発ゲートを通過するとき，ETC カードの番号（etcID）と出発ゲートの名前（ID-d）が交換される．到着ゲート（ID-a）では，車から（etcID, ID-d）を読み取り，（ID-a, 料金）が，ETC カードに記録される．到着ゲートは，（etcID, ID-d, ID-a, 料金）をシステムセンタに送信する．システムセンタは，etcID にひも付けられているクレジットカード会社に請求する．クレジットカード会社は，システムセンタに料金の立替え送金を行う．

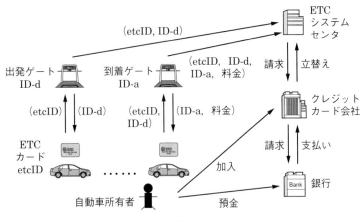

図 1.20　電子料金収受システム

▌3.　情報システムのユーザ

情報システムには，2 種類の**ユーザ**が存在する．

1 つ目は，**エンドユーザ**である．これは，システムで提供される
サービスを使う人々である．例えば，学事情報システムで履修登録
する学生や，成績を入力する教員である．銀行システムでは，
ATM や窓口への来客である．

2 つ目は，システムによるサービスを提供する側の人々で，**業務運
用者，職員，要員**と呼ばれる．学事情報システムでは，学事情報を
管理し運営する学事部の職員であり，銀行システムでは行員である．

▌4.　情報システムのハードウェアの構成

図 1.21 は，情報システムのハードウェア構成を表す．データベ
ースを含むサーバ群とユーザの使用する端末から構成される．

端末には，PC，タブレット，スマートフォンや，そのシステム
の業務に特有な専用端末がある．専用端末には，ATM 端末，券売
機，POS 端末などがある．

情報システムを構成するサーバは，業務内容や規模により台数が
異なる．コンビニエンスストアの POS 端末を管理するサーバは
1 台である．銀行の ATM 端末につながるサーバは複数台で，機能
に応じてそれぞれ用意されている．

ユーザ：user

エンドユーザ：
end user

業務運用者，
職員，要員：
personnel

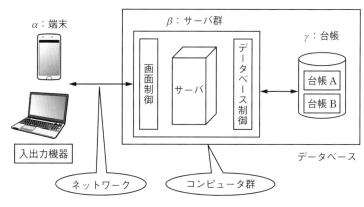

図 1.21　情報システムのハードウェア構成

　　サーバの置かれている場所は，従来は図 **1.22** の左側のとおり，サービスを提供する組織内であった．最近は図の右側のようにクラ

クラウドコンピュ
ーティング：
cloud computing

ウドになっていることも多い．クラウドコンピューティングは，サーバとその上で稼働するソフトウェアがネットワークでつながれた場所に置かれており，それを利用する形態である．

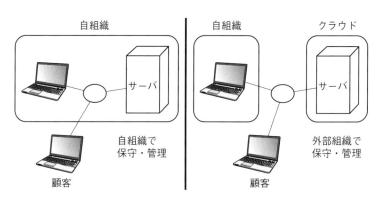

図 1.22　サーバの置かれる場所

▌5.　情報システムのソフトウェアの構成

　　図 **1.23** は，商品販売管理システムを例にして，図 **1.21** のハードウェア構成の上にソフトウェアを載せたものである．サーバには，売上げ管理，在庫管理，発注管理の業務プログラムが載っている．

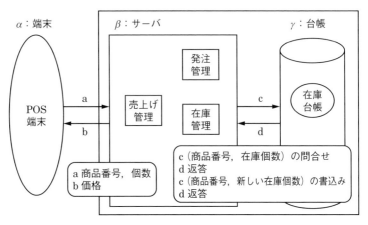

図 1.23　商品販売管理システム

　図 1.24 に，三層アーキテクチャを使って情報システムの機能を実現するソフトウェアの構成を示す.

　プレゼンテーション層は，端末側の表示画面を管理するプログラム群である．アプリケーション層は，この業務を実現するアプリケーションプログラム群である．データ層は，この業務を実現するための情報・データを蓄積・更新する.

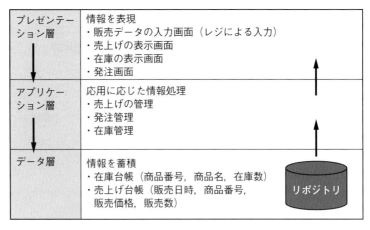

図 1.24　情報システムのソフトウェア構成
（商品販売管理システムの三層アーキテクチャによる表現）

■ 1.4 情報システムの開発

ダウンサイジングされたさまざまな種類のサーバ（と呼ばれるコンピュータ）が数多くネットワーク上に結合されている．その個々の容量は膨大で，また，処理速度は高速である．そこにつながっているファイルやデータベースも極めて大容量である．入出力の手段も，現場や店舗などの専用端末だけでなく，PC，携帯端末，スマートフォンなど多様なものとなっている．このため，現在はビジネス，産業，教育，社会のさまざまなシステム化の要求を満たすために，極めて多様な形態を取り得るシステム構成の中から適切な構成を選択し，その上にさまざまな規模のソフトウェアを構築してシステムを開発している．開発の対象は単にソフトウェアにとどまらず，システム全体を包含したものである．

開発：
development

情報システムの開発は，要求分析，設計，実装，運用，保守の工程に分かれる．要求分析では，開発対象のシステムに，発注者，顧客，ユーザが何をさせることを望んでいるのかの要求を把握する．設計では，要求仕様を満たすように，システムがもつべき機能を決定する．実装では，設計に基づいて，それぞれのプログラムを詳細に作成する．運用では，システムをインストールして実際に稼働する．保守では，システムの不具合を直し，動作環境の変化に応じたチューニングを行う．

要求分析：
requirements
analysis

要求：
requirements
要件と訳すことも
ある

設計：design

実装：
implementation

運用：
operation,
execution

■ 1. 要求分析プロセス

（a）要求分析

要求分析では，発注者，顧客，ユーザがどのようなシステムやソフトウェアを開発することを望んでいるのか，システムに何をさせることを望んでいるのかを分析する．これは，開発者側の人（場合によってはコンサルタント）が，発注者，顧客，ユーザと協議して，これらの人がもつ開発したいシステムに対する**要求**を決める．あるいは，市場としてどのようなシステムが必要とされているのかを分析する．要求分析して得られる文書を**要求仕様**と呼ぶ．

要求仕様：
requirements
specification

図 1.25 に示すとおり，要求分析の目的は，発注者，顧客，ユー

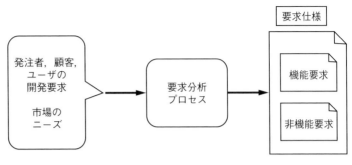

図 1.25 要求分析プロセス

ザの要求や，市場のニーズを正確に理解し，それらのニーズを正確であいまいさなく把握し，これに続く設計や実装での利用に役立てることである．

　要求分析では，開発対象のシステムに，発注者，顧客，ユーザが機能として何をさせることを望んでいるのかという**機能要求**を明らかにする．これとともに稼働する実行環境のもとでの性能要求（システムへの負荷，同時に動いている端末の台数，応答時間など），開発コストや運用コストなどからなる**非機能要求**も把握する．

　要求仕様は，これらの機能要求と非機能要求を記述したものである．この要求仕様は，要求分析以降の設計や実装のときに，開発中のシステムが要求に適合した正当な機能と妥当な性能をもつかどうかを評価，検証するための基準となる．

（b）開発の関係者たちの関係

　開発に関係する人（**関係者**）には，購入者，発注者，業務運用者，エンドユーザ，開発者，販売者がいる．

　購入者が，発注者，業務運用者であったり，エンドユーザであったりすることもあるし，そうでないこともある．

　例えば，チケット販売システムでは，業務はチケット販売で，購入者はチケット販売会社で，業務運用者はその会社の社員，エンドユーザはチケット購入者である．また，大学の学事システムでは，業務は科目履修で，購入者は大学，業務運用者は職員，エンドユーザは学生，教員である．

機能要求：
functional
requirements

非機能要求：
non-functional
requirements

関係者：
stakeholders

システムエンジニア：systems engineer

ソフトウェアエンジニア：software engineer

　ちなみに，システムを開発する職業に携わる人を，**システムエンジニア**，**ソフトウェアエンジニア**と呼ぶ．

　図1.26は，システムの発注と納入の関係者を表す．発注者は開発者にシステムの開発を依頼し，開発者はそれを開発して納入する．

図1.26　システムやソフトウェアの発注と納入

　図1.27は，より拡げたシステムの関係者を表す．納入されたシステムを社員が運用のために使う．また，システムが提供するサービスをエンドユーザが受ける．銀行システムでは，業務運用者は行員，エンドユーザは一般の来客である．

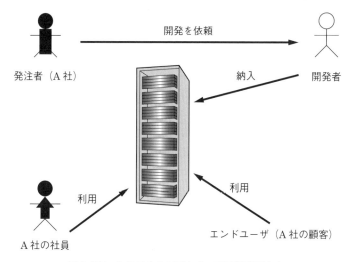

図1.27　システムやソフトウェアの関係者たち

　なお，システムの規模によっては，運用者とエンドユーザの区別がないものもある．

　開発者と発注者の意志の疎通が重要である．開発者は，システムの開発技術には詳しいが，発注者の業務には詳しくないこともあ

る．一方，発注者は自分の業務に詳しいが，システムの開発技術の専門家とは限らない．

　発注者は，その会社のある業務をシステム化したいと考え，エンドユーザにどのようなサービスを提供するかを考える．その際，このシステムを使って社員に担わせる運用の内容を想定する．例えば，大学の学事システムでは，エンドユーザの学生は科目登録，自分の成績閲覧のサービスを受け，教員は受講者リスト取得，成績記入のサービスを受ける．職員は在学学生表，履修できる開講科目表，学生ごとの履修登録表，在職教員表を用意し管理する業務を行う．

　発注者はこのようなシステム化をシステム開発者に依頼して要求分析が始まる．発注者がどのようなシステムを開発することを望んでいるのか，何をさせることを望んでいるのかを開発者が分析する．

　図1.28に示すとおり，システムコンサルタントに要求分析を行ってもらい，その後，システム開発者に依頼することもある．

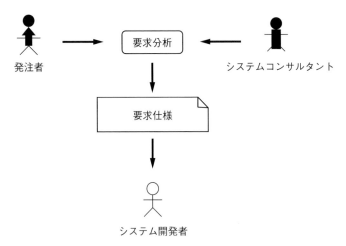

図 1.28　システムコンサルタントによる要求分析

（c）一品的開発と汎用的開発

　システムを一品的に開発する場合は，発注者，顧客，ユーザが限定され，この人たちとの協議で要求仕様が作成される．一方，ある業務である程度汎用的に使われる可能性のあるシステムなどは，ユ

ーザや顧客を想定して，市場としてどのようなシステムが必要とされているのかを分析する．この結果，新しいシステムの要求仕様が作成される．

表 1.1 に，システムについての汎用品と一品生産品の例を示す．PC，予約システム，製造プラントの OS は，PC 用 OS，ビジネスサーバ用 OS，制御サーバ用 OS で，それぞれの用途に汎用的に使われる汎用品である．PC の OS のもとで稼働するオフィスアプリケーションも汎用品である．ビジネスサーバ用 OS や制御サーバ用 OS のもとで稼働する業務アプリケーションは，伝統的には一品生産品である．また，開発の蓄積により汎用品もある．

表 1.1　汎用品と一品生産品

	PC	チケット予約システム	製造プラント
OS	PC 用 OS〈汎用品〉	ビジネスサーバ用 OS〈汎用品〉	制御サーバ用 OS〈汎用品〉
アプリケーション	オフィスアプリケーション〈汎用品〉	チケット予約システムアプリケーション〈一品生産品〉〈汎用品もあり〉	プラント制御アプリケーション〈一品生産品〉〈汎用品もあり〉

汎用品のシステムの要求分析は，ニーズ分析，市場分析が要求分析の最初の段階で始まる．想定する分野，顧客においてどのような機能や性能をもつシステムが必要とされるかというニーズ分析と，そのようなシステムの市場規模（システムを購入し使用する量の大きさ）の分析が行われる．

一品生産品のシステムは，発注者，顧客の要求を分析して要求仕様が作られ，それらの発注者，顧客に限定した用途に使われるシステムである．

たとえ同種のシステムがいろいろあっても，個々の要求や環境に合わせて作られていく場合は，一品生産的である．開発者側が同種の分野（application domain）でのシステム開発に精通し経験の蓄積がある場合は，汎用品を用意しておき，個々の要求に合わせて，チューニングするということも多くなっている．これは，規模の違いはあるが，服飾分野のカスタムメイド，イージーオーダー*を連

*「イージーオーダー」は和製英語である．

想させる．汎用品はレディーメイドを連想させる．いずれの場合でも要求分析は必要である．

　システムの世界から離れて，例えば装置や機械でも，ユーザの多い分野で使われるものはある程度の数量が作られる汎用品で，顧客の要求で作られる特注品は一品生産品である．

▍2. 設　計

　要求分析プロセスでは，対象となるシステムの，特に外部仕様をユーザや顧客との協議のうえで決めていく．これに対して，システムの**設計プロセス**では，仕事の大部分が，開発を委託された開発者に任される．

　設計プロセスでは，要求分析プロセスで明らかにされた要求仕様を満たしながら，開発者はシステムがもつべき機能の実現方法を決定する．機能を実現する方法を既存のものから選択したり，あるいは新たに作り出して決定する．

　また，要求分析プロセスで提示された性能要求（応答時間など）を満たすように，設計中のシステムの構成要素に対して，CPU や装置などにおける各種資源の利用の量や時間についての見積りと評価を行う．つまり，図 1.29 に示すように，システムの設計とは，要求分析で把握された機能要求と非機能要求を使って，その非機能要求の制約のもとで，機能要求の実現方策を決定するプロセスである．

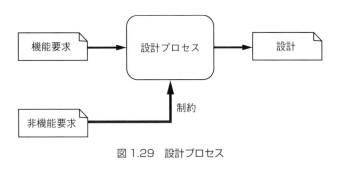

図 1.29　設計プロセス

3. 実 装

実装：
implementation

実装（装置や機器の場合の用語に近いが，製造という場合もある）は，要求仕様と設計を，目標の機械で実行できる一群のシステムとして実現することである．

要求分析プロセスで得られた発注者や顧客の要求仕様と，その実現手段を決めた設計に基づいて，それらを満たすように，プログラミング言語を用いてそれぞれの詳細なプログラムを作成する．次に，プログラムをモジュール単位に分解して，モジュール間でのデータのやりとりの手順を決め，データの形式を決める．そして，モジュール内部でのデータの構造を決め，コーディングを行う．作成したプログラムは，稼働する予定のコンピュータと装置を導入したシステム構成の上で，機能的に正しく動作させる．

システムをコンピュータと装置の上で稼働させて実装が完了する．この段階の稼働は，実機上の稼働か，あるいは，実機すべてではなく，模擬した環境下での稼働である．この稼働の状態を見て，システムの実装が完了し，開発が終了する．

インストール：
installation

配置：deployment

その後，ユーザが使う現場で最終的に稼働させる．これは，**インストール**と呼ばれる．実機に開発したシステムやファイル・データベースを搭載することを，**配置**と呼ぶ．

実装は，決して「インストール，設置，実行，運転，使用」することではない．

4. 承認，確認，テスト

開発の各プロセスで作られる要求仕様，設計，完成プログラム／システムなどのプロダクトは，図1.30に示すとおり，各プロセスでその正しさを調べていく必要がある．

承認：confirm

要求分析プロセスの出力プロダクトである要求仕様は，その入力である発注者の要求に合致しているかどうかで，**承認**される．この後，発注者の要求に適合しない要求仕様に基づいて設計され実装されたシステムは，たとえ動いたとしても発注者やユーザに受理されるものではない．

確認：validate

設計プロセスでは，設計が要求仕様に合致しているかどうかで，**確認**される．すなわち，要求された機能や性能を満たしているか否

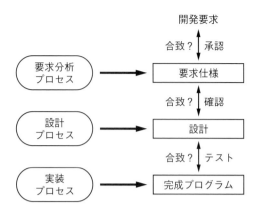

図 1.30　承認・確認・テスト

　かが確認される．要求仕様と照らし合わせて，設計が妥当であるか
を確認する．この後，要求仕様に適合しない，妥当でない設計に基
づいて実装されたシステムは，たとえ動いたとしても発注者やユー
ザに受理されるものではない．

　実装プロセスでは，プログラムやシステムが設計に合致している
かどうか，**テスト**される．テストが不十分であると，たとえ動いた
としても意図していない**誤動作**をする．

テスト：test

誤動作：
malfunction

　テストは，単体テスト，統合テスト，システムテスト，受入れテ
ストなど，個々のモジュールの単位からシステム全体にわたるもの
まで，いくつかのレベルのものがある．テストでは，意図した機能
が実現されているかどうか調べる．

　それぞれのプロセスで，合致していない事柄や動作を**バグ**と呼
び，要求分析バグ，設計バグ，実装バグがある．プログラム中の実
装バグを**プログラムバグ**と呼ぶ．

バグ：bug

プログラムバグ：
program bug

1.5 要求分析と設計

1. 要求分析と設計の対比

　表1.2は，要求分析と設計の観点の相違を示したものである．要求分析の観点は，何をしたいか（What）が主体で，設計はそれをどのように実現するか（how）が主体となる．なお，実際には，この表の(a)から順次行われるとは限らない．

表1.2　要求分析と設計の観点

		要求分析の観点 何を行うことを要求しているか （What）	設計の観点 どう実現するか （How）
(a)		行うサービスの種類	サービスの実現方法
(b)		ユーザの種類	種類ごとのユーザの端末
(c)		使用する情報の種類は？	レコードの形式，レコードを入れるテーブル，ファイル，データベースの形式
(d)		ユーザインタフェース	インタフェース画面（項目，レイアウト，表示順序） ソフトウェアとの連携
(e)		情報のアクセス権の種類とそのアクセス権をもつユーザ	アクセス権の種類と対応するセキュリティレベル
(f)		システム構成，実行環境	システム構成，実行環境の決定
(g)		入力に対して達成したい応答時間は？	入力に対する実際にかかる応答時間
(h)		開発費用 運転費用	実際にかかる開発費用 実際にかかる運転費用
(i)		システムの開発終了時期は？	システムの納期

　(a)の要求分析では，顧客がどのようなサービスを求めているか，そのサービスの手順を把握する．(a)の設計では，システムが遂行する機能を列挙し，その処理内容を規定する．それらの機能を行うプログラムのモジュールを数え上げ，モジュールが遂行する処理手順やアルゴリズムを決める．

（b）の要求分析では，システムのユーザとして，業務運用者とエンドユーザを識別して，それぞれのユーザの種類を列挙する．（b）の設計では，ユーザの種類ごとに使用する端末の種類（PC，携帯端末，スマートフォンなど）を決める．

（c）の要求分析では，扱いたい情報，データの種類，それらの間の関係の把握する．（c）の設計では，扱う情報・データの種類を列挙し，その構成単位としてのレコードの形式，レコードの入るテーブルの形式，格納するファイルやデータベースの構造（スキーマ）を決める．

（d）のユーザインタフェースの要求分析では，使う用語，どのような装置を使ってユーザとシステムが入出力のやりとりをするか（どのようなデータを入出力するか），画面上で必要なメニューとアイコンなどの GUI を分析する．ユーザインタフェースのスケッチである．　（d）の設計では，入出力メッセージ，インタフェース画面，システムで扱う情報について，使う用語を徹底し GUI の詳細（表示項目，レイアウト，画面の遷移順序），システムとの連携を設計する．

GUI：Graphical
User Interface

（e）の要求分析では，ユーザの種類ごとに，上記の情報に対して，⓪何も読み書きできない，①既に存在する情報を読むだけ（参照するだけ），②既に存在する情報を読み書きできる（「書く」というのは，情報に書き込む，または修正するということ），③新しい情報を追加する，作り出すことができる，というアクセス権を明らかにする．設計では，セキュリティレベルの設定とともに，アクセス制御を決める．

（f）の要求分析では，システムを稼働させたい実行環境，使いたいサーバや入出力装置・端末は何を使うか，どのようなネットワークにしたいかなどを明らかにする．（f）の設計では，実際に使用するメインサーバ，装置，ネットワークを決定する．その際に，使用するファイルを配置するファイルサーバを決め，メインサーバとの結合関係を決める．メインサーバに取り込むこともあり得る．

ここまでは，機能要求に対する要求仕様と設計である．以下は，非機能要求に関するものである．

（g）の要求分析では，ユーザの入力に対する達成したい応答時間

を明らかにする．（g）の設計では，設計したシステム構成，システ
ム構成のもとでの応答時間の見積りを行う．

（h）の要求分析では，使用可能な開発費用，運転費用を明らかに
する．この費用の範囲で，（h）の設計では，開発費用，運転費用の
見積りを行う．その際に，開発にかかる期間，費用，開発に必要な
要員数，導入するハードウェア，システムの費用，稼働後の運用，
維持管理にかかる費用を算定する．

表1.3は，機能と設計について開発の中での対比を示す．機能に
ついては，要求分析では，どのような機能をもってほしいかを決
め，設計では，それをどのように実現するかを決め，実装ではそれ
を正しく動かす作業を行う．一方，性能については，順次，どのよ
うな時間で動いてほしいかを決め，その要求された時間通り動くよ
うにする方式を決め，そのとおりに作る．

表 1.3　開発における機能と設計の対比

	機能	性能
要求分析	どのような機能をもってほしいか	どのような時間で動いてほしいか
設計	どのように実現するか	要求された時間通り動くように
実装	正しく動かす	要求された時間通り動かす

■2.　オンラインショッピングシステム例の要求分析と設計

EC：electronic commerce

表1.4は，電子商取引（EC）のオンラインショッピングシステ
ムを例にあげて，要求分析と設計の初期を示している．どのような
システム構成かについて，また，サーバで業務を行い，顧客端末と

表 1.4　要求分析と設計（オンラインショッピングシステム）その1

要求分析	設計
どのようなシステム構成か？	システム構成を設計
サーバで業務	サーバに業務プログラムと端末通信プログラム
端末は，PC，スマートフォン	端末にショッピング用アプリ

して PC，スマートフォンを使うことを明らかにした．設計では，サーバに業務プログラムと端末通信プログラムを置き，端末にショッピング用アプリを置くこととなった．

　表 1.5 の左では，要求分析で，オンラインショッピングシステムで顧客，出品者，配送会社，クレジットカード会社，運営会社がど

表 1.5　要求分析と設計（オンラインショッピングシステム）その 2

| ユーザ | 要求分析 | 設計 | | |
	どのようなサービスを受けたいか？ どのような情報を使いたいか？	端末アプリの 表示機能	サーバが行う サービスのモジュール	データ ベース （台帳）
顧客	会員登録	会員登録表示	会員登録モジュール	顧客台帳
	商品閲覧	商品閲覧表示	商品閲覧モジュール	商品台帳
	商品選択	商品選択表示	商品選択モジュール	販売台帳
	クレジットカード決済 （支払い）	決済（支払い） 表示	カード決済システムと の通信モジュール	決済台帳
	使う情報：顧客情報，購入商品情報			
出品者	出品者登録	出品者登録表示	出品者登録モジュール	出品者台帳
	商品登録	商品登録表示	商品登録モジュール	商品台帳
	決済（入金）	決済（入金）表示	決済（入金）モジュール	決済台帳
	使う情報：出品者情報，出品商品情報			
配送会社	配送受付	配送受付表示	配送受付モジュール	配送台帳
	配送完了	配送完了表示	配送完了モジュール	配送台帳
クレジット カード会社	決済承認	決済承認表示	決済承認モジュール	決済台帳
	出金	出金表示	出金モジュール	決済台帳
運営会社	顧客管理	顧客管理表示	顧客管理モジュール	顧客台帳
	出品者管理	出品者管理表示	出品者管理モジュール	出品者台帳
	商品管理	商品管理表示	商品管理モジュール帳	商品台帳
	配送管理	配送管理表示	配送管理モジュール帳	配送台帳
	決済管理	決済管理表示	決済管理モジュール帳	決済台帳
	使う情報：顧客情報，出品者情報，在庫商品情報			

のようなサービスを受けるか，どのような情報を使うかを列挙している．その右は，設計が行われ，顧客アプリ，出品者アプリ，配送会社アプリ，クレジットカード会社アプリ，運営会社アプリの各種表示機能が列挙されている．これらに対応してサーバで行う業務がモジュールとして列挙される．このモジュールが使う台帳類も列挙されている．

　図 1.31 は，表 1.5 での要求分析で得られた関係者とオンラインショッピングシステムとの関係をユースケース図で表現した．四角形の内部は，開発対象のシステムを表す．その外側にある人型はアクタと呼ばれ，このシステムのユーザである顧客，出品者，運営会社，配送会社，クレジットカード会社を表す．だ円はユースケースと呼ばれ，それぞれのユーザがこのシステムを使って行いたい個々の仕事を表しており，システムに要求する機能と考えてよい．設計時には，この機能がシステムが行う個々の処理に対応されていく．

トランザクション : transaction

　個々のユースケースは，情報システムのユーザが発するトランザクションと考えてもよい．トランザクションは，ユーザが出す依頼

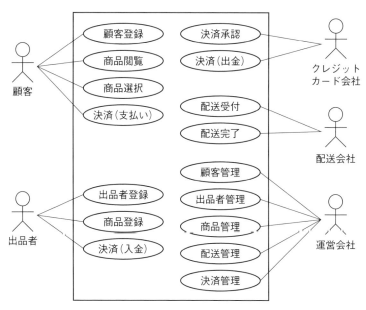

図 1.31　要求分析でのユースケース図（オンラインショッピングシステム）

の発生からその結果が出るまでの一連の流れを引き起こすものを主体として捉えたものである．表 1.6 は，図 1.31 のアクタとユースケースをトランザクションの観点から捉えた．顧客は，顧客用の画面を見て商品選択を行うと，「商品選択」トランザクションが発せられ，これがシステムに送られて商品選択に対応する処理を行い，ユーザに戻ってくる．

表 1.6　トランザクションの種類（オンラインショッピングシステム）

顧客	出品者	運営会社	配送会社	クレジットカード会社
会員登録	出品者登録	顧客管理		
		出品者管理		
商品閲覧	商品登録	商品管理		
商品選択				
		配送管理	配送受付	
支払い	入金	決済管理	配送完了	決済承認
				出金

　情報システムで扱いたい情報，データの種類，それらの間の関係を把握する際，まず，どのような情報を扱うか，台帳や表という観点で列挙する．オンラインショッピングシステムでは，表 1.5 の右のように，顧客台帳，商品台帳，販売台帳，配送台帳，決済台帳，出品者台帳が列挙された．ただし，これらはそれぞれの台帳の詳細を明らかにしながら列挙できていくこともある．

　顧客台帳というものは，個々の顧客の情報が 1 枚に書かれてあって，それらがつづられているものという感覚である．全部を 1 枚の表にして，各行が 1 名の顧客を表すという形式では，顧客表と呼んでよい．台帳，表のいずれかの用語を使うかは，業務または業務の慣習次第である．台帳でも表でも，記載されている情報は同等なので表すときは一般的に表と呼ぶことにする．

　図 1.32 に示すとおり，顧客台帳は，"顧客台帳：（顧客 ID，顧客名，連絡先）"と表されている．コロンの前は，台帳や表の名称である．コロンの後は，この表に入る 1 行分のレコードに 3 つの項

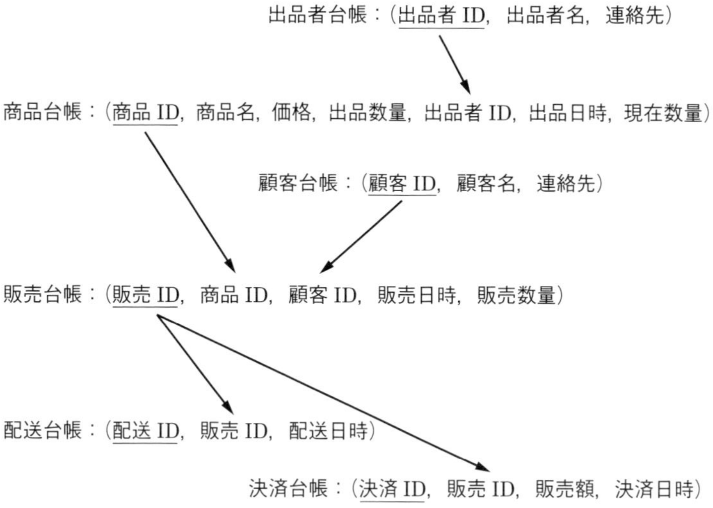

出品者台帳：（出品者 ID, 出品者名, 連絡先）

商品台帳：（商品 ID, 商品名, 価格, 出品数量, 出品者 ID, 出品日時, 現在数量）

顧客台帳：（顧客 ID, 顧客名, 連絡先）

販売台帳：（販売 ID, 商品 ID, 顧客 ID, 販売日時, 販売数量）

配送台帳：（配送 ID, 販売 ID, 配送日時）

決済台帳：（決済 ID, 販売 ID, 販売額, 決済日時）

図 1.32　オンラインショッピングシステムのデータベース

目（顧客 ID, 顧客名, 連絡先）があることを示す．アンダーラインの付いたものは，このレコードのキーとなる．

　この図は，個々の表のレコードの設計に加え，表の間の関係も表している．商品が販売されると，販売台帳のレコード（販売 ID, 商品 ID, 顧客 ID, 販売日時, 販売数量）の商品 ID は，商品台帳のレコード（商品 ID, 商品名, 価格, 出品数量, 出品者 ID, 出品日時, 現在数量）の商品 ID になる．また，顧客台帳のレコード（顧客 ID, 顧客名, 連絡先）の顧客 ID（販売先の顧客を表す）が，販売台帳のレコードの顧客 ID に記入される．

　図 1.33 は，表 1.5 の設計で得るモジュールやデータベースの関係を示す．この図には，端末のアプリケーションとサーバの業務モジュールが列挙されている．それぞれのアプリは，ユーザの種類ごとの端末にインストールされる．顧客アプリは，顧客の使う端末にインストールされる．その機能は顧客のユースケースに対応する．

　サーバにはユーザアプリに対応して業務モジュールが置かれる．顧客が商品選択しているときは，サーバでは商品選択のモジュールが稼働している．

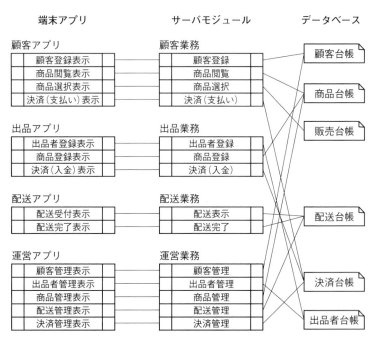

図 1.33　モジュール関係図　設計（オンラインショッピングシステム）

　図 1.34 は，オンラインショッピングシステムの配置図である．端末アプリはそれぞれの端末デバイス上に置かれる．端末アプリと通信して処理を行う業務アプリは，業務サーバ上に置かれる．業務に必要な台帳類はデータベースサーバに置かれる．

　以上から，スマートフォンにアプリを載せたといっても，その仕事全体をスマートフォンだけでやっているというのは誤った理解である．

　図 1.35 は，顧客登録での処理や情報の流れの設計である．顧客は，（氏名，連絡先，カード番号）で，顧客台帳に顧客登録したい．人としての顧客に対して，前面で顧客の情報を受け取る「：顧客」，顧客登録のための必要な処理をする「：顧客登録」，登録情報を載せる「：顧客台帳」の 3 つのモジュール（UML でいうオブジェクト）が必要であると設計した．人とこれらのモジュールの間でのやりとりを矢印で記入する．

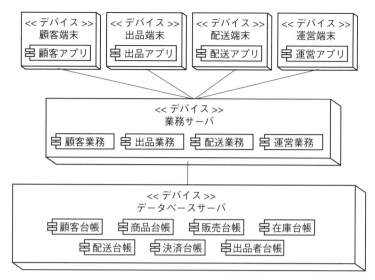

図 1.34 オンラインショッピングシステムの配置図

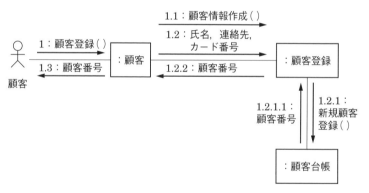

図 1.35 オンラインショッピングシステムの顧客登録

　図の矢印の番号は枝番になっている．本の目次を連想して番号付けする．顧客の仕事を第 1 章と考える．「：顧客」の仕事は $1.x$ 節，「：顧客登録」は $1.x.y$ 項，「：顧客台帳」は $1.x.y.z$ 目というように，章節のレベル付けを連想する．

　この図の場合，顧客の顧客登録は第 1 章と考える．「：顧客」の仕事は，「1.1：顧客情報作成」の依頼と「1.2：氏名，連絡先，カ

ード番号」の送信である．「：顧客登録」の仕事は，受け取った情報による顧客情報を作成し，「1.2.1：新規顧客登録」を「：顧客台帳」に依頼する．「：顧客台帳」の仕事が終わると，「1.2.1.1：顧客番号」を「：顧客登録」に返信する．この「：顧客登録」は，自分の依頼の 1.2.1 が終わったので「1.2.2：顧客番号」を「：顧客」に返信する．「：顧客」は 1.2 までの仕事が終わったので「1.3：顧客番号」を返信して，顧客登録の全体的な処理が完了する．

　図 1.36 は，登録の終わっている顧客が商品を閲覧して購入商品を選択する処理の流れの設計である．人としての顧客と「：顧客」は図 1.35 と同じもので，また，図 1.36 でも別々に書いているが，この顧客と「：顧客」も同じものである．そのため，処理の番号が 2 つの図で継続している．

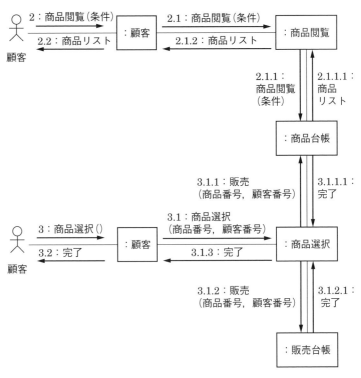

図 1.36　オンラインショッピングシステムの商品閲覧と選択

　2番目の仕事として，顧客は買いたいものの条件で商品閲覧をする．「：顧客」は，**2.1** の仕事として，「：商品閲覧」に閲覧を依頼する．これは，**2.1.1** として「：商品台帳」を参照し，**2.1.1.1** として商品リストが返される．順次，**2.1.2** として，**2.2** として顧客に商品リストが返される．

【 演習 】図 1.36 の下半分について，同様に説明せよ．

　図 **1.37** の左は，要求分析で得た顧客の購入のシナリオである．右には，そのための業務の流れの設計を状態遷移図で表す．

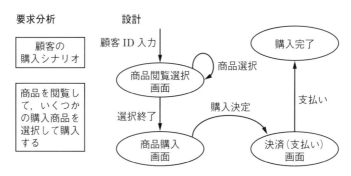

図 1.37　要求分析と設計の対比（購入の流れ）

　顧客 ID（顧客番号）が入力されると商品閲覧選択画面になる．そこで，商品選択の矢印が商品閲覧選択画面でループしているように，商品購入商品がいくつか選択される．選択が終了すると，商品購入画面になり，購入手続きが行われる．これが終わると，決済（支払い）画面になり支払い処理が行われる．

1.6　ソフトウェア工学

engineering：
工学

ソフトウェアエ
学：software
engineering

　engineering は，Oxford Dictionary of English によれば「engines, machines, structures の設計，構築，使用に関係する科学と技術の分野」とある．これに当てはめれば，**software**

engineering は，「ソフトウェアの設計，構築，使用に関係する科学と技術の分野」で，**ソフトウェア工学**あるいは**ソフトウェア生産技術**と訳される．ソフトウェアの開発の体系化を目指す分野で，高い信頼性や品質，機能，性能をもつソフトウェアを開発・構築するための技術，方法，支援環境を研究開発することが目的である．

要求工学：
requirements
engineering

　要求工学は，ソフトウェア開発の上流工程である要求分析プロセスで行われる，要求の獲得，仕様化に関係する科学と技術の分野である．

　ソフトウェア工学の捉え方は，対象をソフトウェアに留めず，情報システムに適用できる．

■ 1.7　開発過程のモデル

　開発モデルは，ソフトウェアに限定せず，情報システムの開発に適用できる．

■ 1.　ウォーターフォールモデル

　開発を効率的に進めるために，ソフトウェア工学の中で開発を順序立てて後戻りなく進めるためにソフトウェアの開発サイクルの概念を導入した*．

＊例えば，文献
1），2）．

ソフトウェア開発
サイクル：
software
development
cycle

　ソフトウェア開発サイクルの概念の導入前のソフトウェア開発過程では，個々の開発段階が明確に分離されておらず，また，あらゆる方向からの後戻りが発生する可能性がある．

　図 **1.38** が，ソフトウェア開発サイクルの概念の導入された後のソフトウェア開発過程である．1.4 節で述べた開発の段階である要求分析，設計，実装，運用，保守を上から下へ順番に進めるため，

ウォーターフォー
ル型開発モデル：
water-fall model
for development

ウォーターフォール型開発モデルと呼ぶ．

　ここでは，それぞれの開発段階を明確に分離して確実に作業を進め，仕様の誤りによる大きな後戻りをなくそうとするものである．要求分析，設計，実装の出力が要求仕様書，設計，システムやプログラムである．

　要求分析は，ソフトウェアのユーザや発注者の意図を漏れなく正

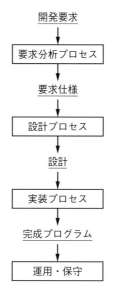

図1.38 ウォーターフォール型モデル

確に把握し，それ以降の開発フェーズに誤りやあいまいさを伝えないようにするプロセスである．設計は，要求分析の段階で明確となったユーザや発注者の要求仕様を，逸脱しない範囲でソフトウェアの内部の実現方式や実行方式などをプログラムを作る以前に確定するフェーズである．実装は，設計によって定まった方式をプログラミング言語で計算機上で稼働できるプログラムとして実現するフェーズである．保守は，稼働後に判明した具合の悪さや稼働環境の変化に対応するために微調整を行うフェーズである．

2. インクリメンタルモデル

ウォーターフォール型開発モデルでは，ソフトウェアの要求分析，設計，実装を上から下に進めていく．実装以前の要求分析や設計での記述が実行可能ではない仕様文書であるため，実装が行われるまでソフトウェアの動きが見えない．この実行可能ではない仕様文書を人が読んで，要求分析や設計の正しさを確認するレビューには，一般に膨大な時間や手間がかかる．

これに対して，ソフトウェア全体ではなく，部分ごとに，例えば，人間とシステムのインタフェースとなる画面の作成，ファイルやデータベースの作成，トランザクション処理などを，順次，分析，設計，実装を行い，機能の正しさを確認しては次の部分の開発に進む方式がある．この方式では，部分を作っておいて後で合わせるのではなく，常に全体を考えながら部分を作り，機能の正しさを確認するときは，今まで作ったものを組み込んで全体で動かす．

この開発サイクルを採用したとき，機能の正しさを確認するためにプロトタイピングが行われることが多い．

▍3．プロトタイピングモデル

プロトタイプは，製品を開発する際に，実物，実機ではなく，何らかの方法で作った試作品を意味する．「ひな形，原型，模型」と訳される．プロトタイプを作って，実物，実機のもつべき機能や性能を調べる．

ソフトウェアでは，仕様文書を作成し，これを確認するだけではなく，プロトタイプを使って，要求分析や設計でも開発中のソフトウェアの動きを人に見せて開発をより効率的に進める．これが，ソ

フトウェアの**プロトタイピング**である．開発の早い時期に迅速にプロトタイプを作ることを，**ラピッドプロトタイピング**と呼ぶ．

対象のソフトウェアが稼働する環境下（あるいは模擬した環境下）でプロトタイプを実行させながらそのふるまいを人に見せて確認し，そのプロトタイプを迅速かつ徐々に進化，精密化しながら，ユーザや顧客の要求や設計者の実現方法を明確化する．

図 1.39 のプロトタイピングサイクルは，プロトタイピング手法を導入したソフトウェアの開発過程で，これはプロトタイプの作成，実行，評価の3つのフェーズからなるサイクルを繰り返して回りながら要求分析や設計を進めることを示す[6]．

プロトタイプの実行フェーズでは，対象のソフトウェアに対するプロトタイプが実行され各種の出力が得られる．評価フェーズでは，この出力を見て，要求分析の場合には，要求の確認，抽象的な要求の具体化，あいまいな要求の明確化，あるいは要求の修正を図る．また，設計の場合には，要求仕様を逸脱せずに，ソフトウェア

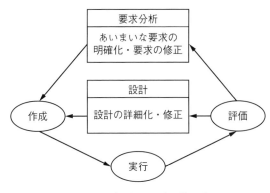

図 1.39　プロトタイピングモデル

の内部で採用する実現方法の確認．具体化．修正を図る．

進化型プロトタイ
ピング：
evolutionary
prototyping

使い捨て型プロト
タイピング：
throwaway
prototyping

　プロトタイピングには 2 種類ある．進化型プロトタイピングは，プロトタイプを精錬していき，最終的なソフトウェア製品にしていくプロトタイピングの方法である．これは，実行速度，応答速度などに問題のない場合に行われる．一方，使い捨て型プロトタイピングは，プロトタイプは設計段階まで使い，そこで決定した設計で，新たにシステムの実装を作る．

第2章

企業情報システムの開発

　企業情報システムは経営戦略を各部門の業務として実施するために情報技術を使って支援するものである．したがって，企業情報システムは歴史的にビジネスとテクノロジの変化によって大きな影響を受けてきた．企業はビジネスの変化を経営戦略のシステム要件への展開として吸収し，テクノロジの変化を再利用部品の進化と捉えて企業情報システムを更新してきた．本章では，これらの企業情報システム開発において重要な「経営戦略のシステム要件への展開法」と，現在でも有用な再利用部品の進化としての「モデリング開発」について解説する．

■2.1　企業情報システムとは

企業情報システム：Business Information System

　企業情報システムは，ビジネスの目的を達成するためにビジネスをサポートする情報の収集・蓄積・処理・伝達・利用に関わる仕組みである．企業情報システムが経営（ビジネス）とテクノロジ（情報技術）を結び付けて競争優位というビジネスの価値を提供し続けるために，ビジネスの変化とテクノロジの進化に対応して更新し続けることがその本質である．企業情報システムの視点からのソフトウェア工学は経営やビジネスの領域からコンピュータやネットワー

クの技術領域への工学的なマッピング（変換）過程ともいえる．このマッピング過程は情報システムの開発プロセスとなる．発注者がどこまでコントロールして，どこから開発者の提案を求めるかに応じて，情報システム調達のタイミングを選んで発注するとよい．代表的な例が図 2.1 の 3 つのタイミングである．**①業務要求定義後**は新規導入以外は避けたほうがよく，**②システム要求定義後**は一般的であり，**③アーキテクチャ設計後**は自社内でも開発する企業向きである．

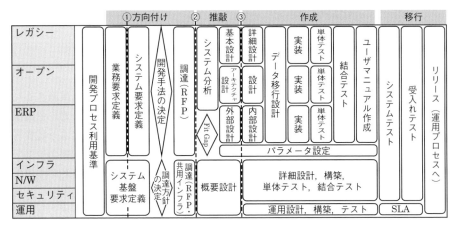

図 2.1　企業情報システム開発プロセス

　企業情報システムにおけるソフトウェア工学の変遷を図 2.2 にまとめた．

　ソフトウェア工学は，前述したビジネスの考え方の変遷とともに生まれては淘汰されていくテクノロジの進化に合わせて，開発手法が変化している．ここで重要な変化の要因は，**①分散化技術**（CORBA → SOAP → REST），**②部品化技術**（プログラム→データ→オブジェクト→コンポーネント→サービス），**③稼働環境**（メインフレーム→ C/S → WWW →クラウド）であろう．この 3 軸の変化に応じて，アプリケーションはモノリシック→ C/S → Web アプリケーション→ Web サービス→マイクロサービスへと変化している．本章ではビジネスの変化に対応する経営戦略と企業情報シス

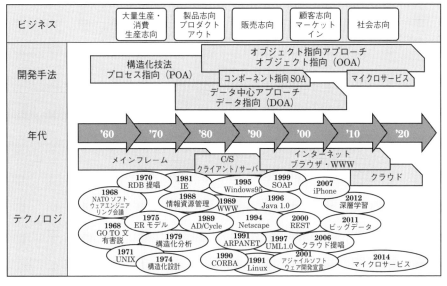

図 2.2　開発手法の変遷

　テムとの関係と，テクノロジの進化を再利用部品の進化によって対
応してきた歴史的変遷のうち，有用なものを選んでその特徴を紹介
することにする．

■2.2　経営戦略とシステム化計画

　企業の経営戦略が，どのようにして情報システムの要件となって
いくのか．ここでは，経営戦略と情報システムとの関係について述
べる．

■1.　経営戦略の策定

　Alfred Chandler によると，経営戦略とは，企業の基本的な長期
目標の策定や，それを実現するために必要な経営資源の配分と行動
の方針の選択などである[2]．すなわち，企業が持続的競争優位を確
立するための基本的な考え方である．経営戦略の内容は，その企業

の「生存領域（ドメイン）の定義」，競争優位性の確立を担う「競争戦略の決定」，「経営資源展開の決定」などである．ドメインとは事業領域のことであり，企業の事業がいかにあるべきかを明示した企業の生存領域である．例えば，図 2.3 は従来から高品質のエンジンを提供してきたジェットエンジン製造会社が競争優位性獲得のために，安定継続飛行時間というサービスを提供する事業へと事業ドメインを変革したときの例である．

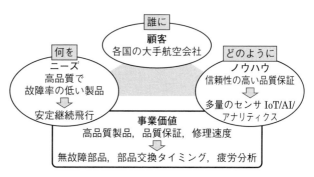

図 2.3　事業ドメイン（ジェットエンジン製造の例示）

　競争戦略は，その企業の置かれた環境に適した個別の戦略となる．Michael Porter は，競争戦略としてコストリーダーシップ戦略，差別化戦略，集中戦略の 3 つの基本戦略を提唱した[3]．それぞれ，事業の低コスト化，商品やサービスの独自性，経営資源の集中で競争優位を確保する戦略である．これらの競争戦略の策定では SWOT 分析などの環境分析によって行う．SWOT とは，Strength（強み），Weakness（弱み）という自社の内部環境と，Opportunity（機会），Threat（脅威）という外部環境のことである．これらの環境分析から，今やらねばならない戦略目標を導き出す方法として強み，弱み，機会，脅威をマトリックスで組み合わせる「クロス SWOT 分析」が使われる．そのマトリックスの意味は図 2.4 に示したように，SO，WO，ST，WT それぞれの組合せで打つべき戦略を見出すというものである．このようにしてクロス SWOT 分析から経営戦略を導き出してバランストスコアカード（BSC）としてまとめた IT企業の例を図 2.5 に示した．バランストスコアカードは，従来の経

図 2.4 クロス SWOT (強み・弱み・機会・脅威) 分析

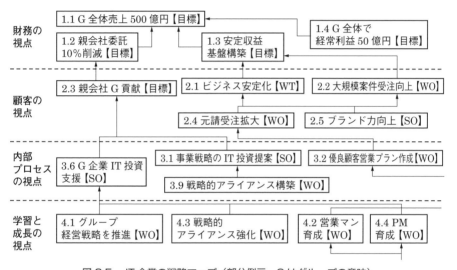

図 2.5 IT 企業の戦略マップ (部分例示, G はグループの意味)

営戦略のフレームワークが財務面の指標を重視していたのに対し, ①財務に加えて②顧客, ③内部プロセス, ④学習と成長という視点を加えた 4 つのバランスの取れた視点によって構成される戦略のマップと戦略目標設定と評価するためのスコアカードである.

【 演習 】図 2.4 の【 】を埋めなさい.
《 解答 》強みで機会を捉える

▌2. 経営戦略から情報システムへ

　バランストスコアカードは経営戦略を 4 つの視点で可視化した
ものといえるが，多くの企業の経営戦略から図 2.6 に示したテンプ
レートが提唱されている[4]．このテンプレートの特徴は顧客の視点
で「顧客への価値提案」を明示していること，学習と成長の視点で
人的資本，情報資本，組織資本という無形の資本（インタンジブル
ズ）を戦略に合わせて整備すべきことを明示している点である．
「レディネス」とあるのは，戦略実現のための顧客価値創造やそれ
を担うビジネスプロセスの実現にあたって，人材，情報システム，
組織風土が準備できているかということである．

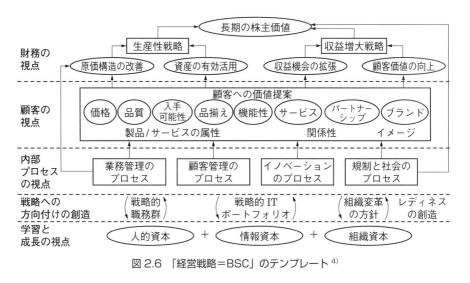

図 2.6　「経営戦略＝BSC」のテンプレート[4]

　ある大学の経営戦略と情報システムの関係をバランストスコアカ
ードの戦略マップに可視化した例を，図 2.7 と図 2.8 に示した．
　経営戦略と情報システムの関係は，いわば目標連鎖の関係（ケー
パビリティ：能力の連鎖といってもよい）である．図 2.9 にあるよ
うに，最終目標である重要目標達成指標（KGI）を達成するための
重要成功要因（CSF）を SWOT 分析などで探り，BSC などで戦略
のシナリオを組み立てて，それぞれの CSF が達成すべき結果指標
を下位の KGI とする．その KGI を実現するためにさまざまなアク

KGI：Key Goal
Indicator

CSF：Critical
Success Factor

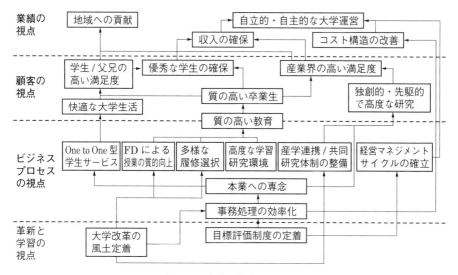

図 2.7　大学の戦略マップ例

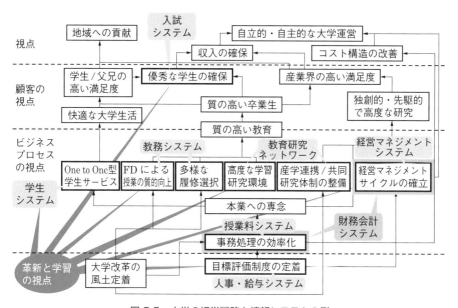

図 2.8　大学の経営戦略と情報システムの例

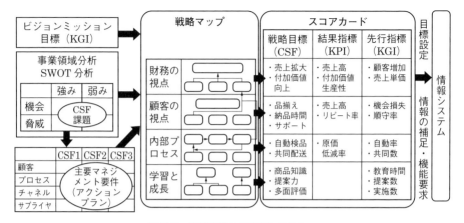

図2.9　経営戦略から情報システムへ

KPI：Key
Performance
Indicator

ション（戦術）が各部署で実施される．そのアクションのパフォーマンス評価の指標が重要業績評価指標（**KPI**）である．この KPI は結果指標である **KGI** に対して先行指標とも呼ばれ，情報システムによって実現する場合は情報システムの目標となる．

2.3　モデリングによる情報システム開発

　企業情報システムの開発では，ビジネスとテクノロジに関するエキスパートの参画が必須となり相互のコミュニケーション言語としてのモデリングが重要な役割を担う．その合意を形成するうえで重要な役割を担っているのが企業情報システムの **IT** アーキテクチャである．すなわち，「企業の情報システムに対する複数の要求を調整して全体最適解」を求めることで，企業情報システムの基本構造，設計方針を定めることなのである．

　本節では，**IT** アーキテクチャと全体最適の 3 つの評価基準である **QCD**（品質向上，コストダウン，スピードアップ）に関わる事項について，「モデリングの手法」を再利用部品の進化に沿って解説する．

▌1. モデリング開発（再利用部品の進化）

　ソフトウェアではプログラムコードをはじめ，開発のフェーズごとに製作すべき成果物の再利用が試みられてきた．再利用は，品質向上，コストダウン，スピードアップ全体を改善する取組みとして有効なのでさまざまな努力が重ねられてきた．一方，情報システムの開発技法の変遷によって再利用すべき部品の進化があった．すなわち構造化技法（1960〜1980），データ中心アプローチ（DOA），オブジェクト指向設計（1980〜2000），コンポーネント開発，SOA，アジャイル開発（2000〜現在），マイクロサービスアーキテクチャである．

　これらの開発技法で提案され，実践されてきた再利用部品を表2.1に示す．以下，歴史的に重要で現在でも活用されている再利用部品の進化に沿って現在でも有用なモデリング開発について解説する．

表2.1　ソフトウェアの再利用

再利用技術	概要	備考
サブルーチン	構造化プログラミングで広まった，繰り返し利用される共通機能をモジュールとしてまとめたプログラム部品	個別ソフトウェアなど比較的狭い範囲での利用
クラスライブラリ フレームワーク	オブジェクト指向言語で普及，ビジネスコンポーネント・分散コンポーネントフレームワーク	拡張性が高く，再利用が容易，オープンソフトウェアとして流通しているものも
パッケージ	業務も含めた大規模・完全なソリューション，ワークフロー相互運用性，ソリューション統合	使用する言語で利用できる「オブジェクト」や「関数」の宣言などを関連する物事にまとめたものや ERP など
コンポーネント	コンポーネントレベルの協調フレームワーク，ビジネスコンポーネント，分散コンポーネント	ビジネスオブジェクト DCOM，CORBA，EJB，ソフトウェアプロダクトライン開発（SPL）
ソフトウェア パターン	アナリシスパターン，デザインパターン，データモデルパターン，アーキテクチャパターン	データモデル，GoF のデザインパターン，David Hay「DATA MODEL PATTERNS」
サービス	ビジネスの観点から再利用可能な単位としてのサービス指向アーキテクチャ（SOA）	Web サービス（SPA，JSON），SOA（SOAP，ESB，UDDI，WSDL），マイクロサービス（REST，HTTP，コンテナ）

▌2. 構造化手法

　1960 年代中頃に日本の大企業が本格的にコンピュータを導入し始めた．当初は解読が困難なアセンブラによる個人的な職人芸であったプログラミングを**フローチャート**で可視化していた．

　1960 年代後半になり COBOL が普及してくると，事務処理にも多くのプログラムが開発されていった．そこではプログラムの保守を容易にするためにデータ項目名の統一や記述ルールを定めるプログラミング作法が整備されたが，徹底されることはなかった．1968 年に開催された NATO（北大西洋条約機構）の会議で「ソフトウェアエンジニアリング」が始まったといわれるが，まず 1970 年代には「構造化手法」が登場した．構造化手法は分析ではデータフロー図（**DFD**）を主に使った構造化分析，設計ではモジュール分割尺度など独立性の高いモジュール分割を特徴とする構造化設計，構造化プログラミングの基本制御構造によって品質の高いプログラムを作成しようという体系化された技法である．**構造化プログラミング**では「GOTO 文は有害だ」とされ，プログラムロジックは，①「順次」「選択」「反復」の 3 つの制御構造だけで構成され，②各制御構造は，1 つの入口，1 つの出口をもつ構造化プログラミングでプログラムを構築できることが証明され（①，②を**構造化定理**という），推奨された．次に上位の機能から最下位レベルのモジュールまで，分割手法により階層的に分割を行う**構造化設計**が整備された．

DFD : Data Flow Diagram

　その後，構造化手法は DFD とデータディクショナリ（DD），ER 図，さらに状態遷移図などにより上流工程の構造化分析に広がった．

DD : Data Dictionary

ER 図 : Entity Relationship Diagram

　ところが，構造化手法はデータに関する制約がなく，アプリケーションごとにデータベースが構築され，アプリケーション間でデータの重複が発生した．そしてアプリケーションが年々大規模化するにつれて保守費用が増加していったのである．このように体系としては使われなくなった構造化手法であるが，ここで普及した DFD や ER 図，DD は現在でも使用されている．

【 **演習** 】図2.10のプログラムの構造を，構造化定理に基づいて図2.11に改善した．図2.10のどこに誤りがあったのか．

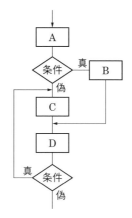

図2.10　元の構造

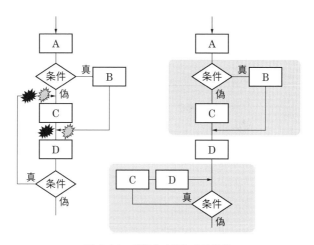

図2.11　構造化定理による改善

《 **解答** 》図2.10のプログラムの構造は，順次，分岐，ループのみを用いて作られているので構造化定理の①に基づいている．しかし，最初の条件分岐の構造であるB，Cを含む範囲に着目すると，Aからの入口が1つであるにもかかわらず，2つ目の条件分岐の「真」からの戻りが2つ目の入口となっており，②の1つの入口

をもつのに反している.

　さらにループに着目すると，2つ目の条件分岐の「真」からのループ入力と B からの入口が 2 つある.

▌3.　情報資源管理

　情報資源管理（IRM）に関する議論は，1970 年代末期にそれまでの機能中心とした開発手法によって大量に開発されたプログラムの重複，データや情報量の爆発的拡大によって管理限界を超える量のソフトウェアの保守に大量の労力と時間を費やさざるを得ない状況から生まれた[5].

　情報資源管理は，情報またはデータを企業の経営資源として評価，整理して，それらが有効活用されるように企業組織と情報システム，およびデータを構成，統制することである. 特にデータ項目は何の統制もしなければ異音同義語（同じ意味なのに違う項目），同音異義語（違う意味なのに同じ項目）が氾濫してビジネスそのものを混乱させる要因ともなる.

　そこで，データ項目の名称や意味を登録した辞書を作成してデータベースの重複や，異音同義語によるシステム肥大化を防ぎ，同音異義語の混乱を避けた. 図 2.12 は，データ項目の構成と管理体制の具体例である[6].

　ここで，ドメインとあるのは後述するドメイン駆動設計のユビキタス言語と類似の概念で，同じ特性をもつデータ項目グループのことである.

　ドメインは同じ入力チェック規則，同じ出力編集規則をもっており，システム上同じ取扱いができるので，同音異義語や異音同義語の発見やデータ変更に関する影響波及分析に効果を発揮することからデータ項目命名規則に利用することを推奨した. この命名では，ISO/IEC 11179-5 メタデータレジストリ命名基準[7] などを参考にするとよい. これにより要件定義における誤解を防ぎ，保守でのユーザの問合せに対してユーザ業務とシステム定義データの連携が取れるようになった. また，管理すべきデータ項目数が 50〜80 ％に激減した. IRM の知見は Data Management Association（DAMA）International[8] によってデータマネジメントに関する知識を体系

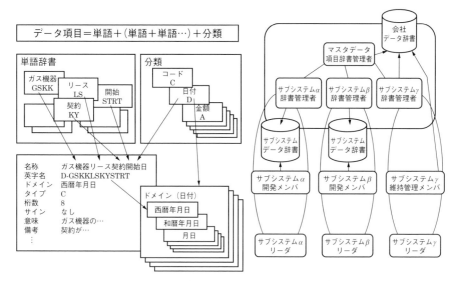

図 2.12　データ項目辞書と管理体制の例 [6]

立ててまとめられた Data Management Body of Knowledge （DMBOK）[8] などに引き継がれ拡充されているので，参考にするとよい．

■4. データ中心アプローチ

　1980 年代に入ると，システムの規模と複雑性が飛躍的に増大し，機能中心，プログラム中心の開発ではシステム化とその保守が困難になった．

　そこで，データやデータ構造がプロセスや処理に比べて変わりにくいという点に注目して，業務処理をデータの流れとして把握し，業務処理そのものはデータの変換機能として位置づけて要件定義と設計を進める**データ中心アプローチ**（DOA）が広まった．これは情報資源管理の具体的な展開アプローチともいえ，構造化手法を取り込んで DFD と ER 図を核にして**データ項目辞書**や**リポジトリ**を重視した．

　その起源は 1975 年のピーター・チェンによる「ER モデル」[9] であり，1989 年のジェームス・マーチンによるデータモデリングを

DOA：Data
Oriented
Approach

ER：Entity
Relationship

＊第 4 章参照.

中心にした方法論で，「IE*」という．日本では 1975 年以降，椿正明や佐藤正美が独自の手法を発表したが，データベースを個々のアプリケーションとは独立させ，体系化していく点では共通している．1980 年代中盤からは，ソフトウェアエンジニアリングを自動化するツールとして CASE ツールが登場した．CASE の思想は，構造化手法による計画，分析・設計，製造，保守の各工程を 1 つのプラットフォーム上で一貫してコンピュータで支援することにより，情報の一貫性を保ち，データの二重入力をなくし，製造の自動化につなげようとするシステム開発のアプローチである．

CASE：
Computer-Aided
Software
Engineering

　DOA の核となるエンティティの発見法には，実在する帳票，ファイルなどに着目する「ボトムアップアプローチ」と，検討すべき主題領域において「人，物，金」など資源の特性を説明する資源系情報（人的資源：「取引先」「組織（各部署）」，物的資源：「商品」など），人の動き，物の動き，金の動きを説明する活動系情報（「売上」「仕入」など）から決定する「トップダウンアプローチ」がある*．トップダウンアプローチでは，対象の主題領域において資源系情報と活動系情報を検討していく．まず最下層の ER 図を作成すると，1 つ上の階層の資源系または活動系における ER 図を検討する．ここで，活動系情報がどのような（「どこで，誰が，何を」といった）資源系情報に対して働きかけているのかを分析すると両者の関係が明確になる．次に属性定義は，エンティティ収集整理後の

＊図 2.13，
表 2.2　参照.

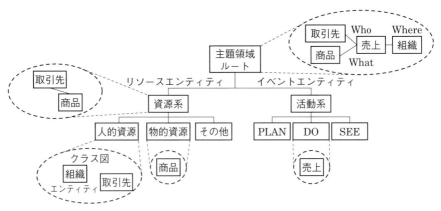

図 2.13　トップダウンアプローチ

表 2.2 エンティティ候補（概念的キーワード）

	具体例
人	社員（職員，従業員，工員，行員，…）　国民（住民，納税者，…） 契約者（会員，顧客，加入者，…）　利用者（学生，患者，…）
場所	地域（管轄区，販売区域，学区，選挙区，…） 区域（工場区画，生産ライン，倉庫棚，陳列ケース，…）
物	商品（製品，…）　部材（原材料，部品，燃料，…） 施設（建物，倉庫，工場，機械，備品，トラック，配送センタ，…） 店（営業所，支店，小売店，…）　図面（地図，設計図，管理図，…）
概念	目標，計画（指針，方針，指標，販売目標，生産計画，…） 時間（年，月，日，時刻，始業時刻，…）　評価（基準，…）
事象	作業（工程，保管，広告，宣伝，…）　契約（受注，発注，…） 事故（故障，災害，…）
金銭	予算（年間予算，修正予算，…）　預貯金（銀行口座，…） 借入（長期，短期，…）

データ項目が，トップダウンアプローチで洗い出されたどのエンティティに所属するかを分析するとよい．

【 演習 】図 2.14 の振替伝票から「ボトムアップアプローチ」により，エンティティ候補と属性を列挙しなさい．

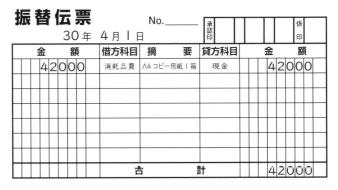

図 2.14 振替伝票

《 **解答** 》振替伝票（金額，借方科目，貸方科目，摘要，合計，日付，振替伝票番号，承認者，振替伝票発行者）

【 演習 】大学の Web 履修登録システムにおけるエンティティ候補を「トップダウンアプローチ」で考えて列挙しなさい.

《 解答 》人　：教員，学生（学籍番号，年次）

概念：シラバス，科目，成績

事象：履修登録

次に，DOA データモデリングのプロセス例を図 2.15 に示した. すなわち，概念モデルで業務のデータを捉えて，詳細な設計者の視点の論理データモデルを作成し，実装環境を考慮して物理データモデルを作成する.

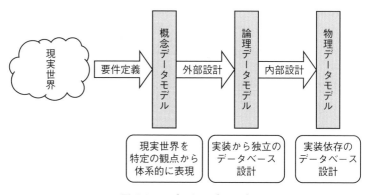

図2.15　データモデリング

これらの関係を図 2.16 にデータモデルの洗練とともに示した. データモデルの洗練は次のように進める. 属性で少なくとも 1 つ以上存在し，同姓同名がないとき，その属性の値で一意識別が可能なので，エンティティの ID となる. このようにして ID を決定し，再度エンティティ同士の関係（リレーションシップ）を分析し，リレーションシップの多重度を定義する. 属性の意味，取り得る値，エンティティの**多重度**，リレーションシップの意味などの情報を元に，次に述べる正規化を行ってデータモデルを洗練していく.

・繰り返しの属性群項目は，別のエンティティとして定義する（**第 1 正規化**）.

・ID の値の発生・削除のタイミングと ID 以外の各属性の値の

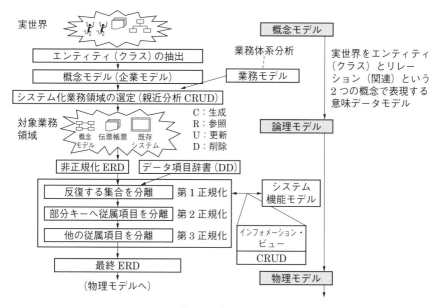

図 2.16　データモデリングのプロセス例

発生・削除のタイミングが同じかどうかをチェックし，同じでない属性群がある場合，それらを別のエンティティとして定義する（**第 2，第 3 正規化**）.

・多：多のリレーションシップについては，どちらのエンティティの属性にもなり得るデータ（**交差データ項目**）があり，これらを別のエンティティとして定義する.

これらの洗練を経て，第 3 正規化後の ER 図が得られる.

1980 年代の CASE ツールは当初 GUI を駆使してさまざまなダイアグラムを作成するツール，プログラムを自動生成するツールなど，個別の開発支援ツールであった.

それが CASE ベンダの開発方法論に基づいて統合されていった. この頃，経営管理システムを検討していた John Zachman は製造業の開発プロセスにヒントを得て 1987 年にエンタープライズアーキテクチャ（**EA**）の起源ともいわれる情報システムのフレームワーク（当初はデータ，機能，ネットワークの 3 列）を提唱した[10]. このとき，CASE ツールを統合するための最も重要なツールが**リポ**

ジトリであり，Zachman の考え方がリポジトリの**メタデータ**として開発情報の資源管理を担ったのである．1989 年に IBM は多くの CASE ツールを統合する統合 CASE ツールとして AD/Cycle を発表した．AD/Cycle の中でリポジトリは CASE ツールを統合する中心的な役割を担っていた．IBM のリポジトリは図 2.17 に示すように，アプリケーション開発ツールと一体化して利用され，DB2 上に構築された独自の仕様で，**データディクショナリ**も統合した．

CASE ツールは 1990 年代初めにピークを迎えたが，その後クライアントサーバ（C/S）システムの台頭によりメインフレーム上で稼働する AD/Cycle や大規模な CASE ツールは衰退し，それに伴い CASE リポジトリも図 2.18 に示した情報資源管理機能を有する Rochade など一部の製品を残して消えていった．

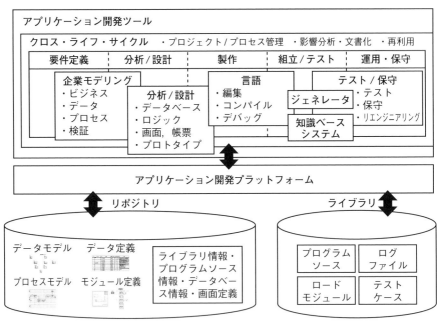

図 2.17　AD/Cycle アーキテクチャ

サーバ	クライアント
高速データベースで大量のメタデータを集中管理．格納構造はリポジトリ情報モデルにビューやユーザクラスを設定することで詳細なアクセス管理が可能	メタデータの参照，更新を効率的に行うGUIを提供．メタデータをビジュアルに表示．パネルエディタで利用画面を定義

情報資源管理

スキャナ	言語
メタデータソース（言語，DBMS，CASEツール）を解析し，自動的に取り込む．APIを利用して外部とのデータ交換可能	プロシジャ言語によってメタデータの加工やカスタムレポート作成などユーザニーズに合わせてカスタマイズ

図2.18　リポジトリ機能例

5. データモデルパターン

　データモデルパターンはデザインパターンと同様，ソフトウェアパターンの一種である．アプリケーション共通のデータモデルのパターンを体系化して用意しておき，アプリケーション開発時に活用することで，高品質な概念データモデルを短期間で作成できるとして，David Hay や Len Silverston らが提案した ER モデル以外に，オブジェクト指向のクラス図でも提案されている[11]．ここでは代表的な Party Model を紹介する．Party Model は，企業に関連する「人（Person）」と，「人」の集まりで構成される「組織（Organization）」を「パーティ（Party）」という概念でまとめ，「パーティ」エンティティをスーパータイプとし，「人」と「組織」をサブタイプとして表現したデータモデルをいう（図2.19）．この Party Model を利用した顧客データモデルの基本構造は図2.20 のようになる．「パーティ」は顧客，発注先，購買先といった役割を

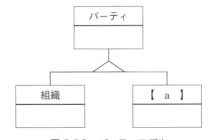

図2.19　パーティモデル

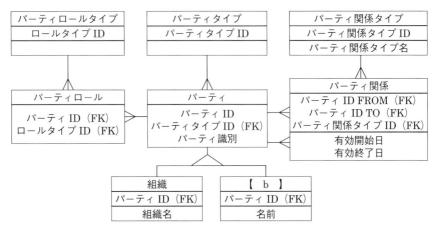

図 2.20　顧客モデルの例（スーパタイプと 1 対多の ER 図で表記）

（ユニシス技報 通巻 111 号「顧客管理システム再構築におけるデータモデルパターン
"Party Model" の活用」[12] の図 2 を改変）

担い，2 つの「パーティ」間には親会社と子会社，企業と従業員といった関係がある．ここでは，これらパーティの役割をパーティロール，2 つのパーティの関係をパーティ関係で表している．

【 演習 】図 2.19，図 2.20 の【 a 】，【 b 】を埋めなさい．
《 解答 》【 a 】人　　【 b 】人

6.　プロセスモデル

　プロセスモデルとは，要件定義書に記載された機能を実現するために必要なプロセスを可視化したものである．要件定義で記述された機能を表現するプロセスモデルについては構造化技法，プロセス中心アプローチ，データ中心アプローチ，オブジェクト指向など歴史的変遷があり，図や記法が異なる．データ中心アプローチなどで多用されるアクティビティ階層図やデータフロー図がプロセスモデルの代表的な図である．アクティビティ階層図は，システムが「何を行うか」を明らかにし，ビジネスの手順を明らかにするという役割を担う．データフロー図は，データとプロセスの相互作用を，データの入出力関係と処理に着目して可視化したもので，Tom DeMarco が考案した．

▌7. エンタープライズアーキテクチャ

　エンタープライズアーキテクチャ（**EA**）とは，経営戦略を企業内の各レベルで実行するために，「誰が」「何を」「どのように」行うか，経営資源を構造化して，実行体を作り出すための企業構造設計図のことである．したがって，ビジネスモデルや（情報）システムモデルは，この **EA** の構成要素といえる．ある組織が経営戦略を実施するために，「誰が（経営資源）」「何を（機能）」「どのように（プロセス）」実施するのかを定義しているのがビジネスモデルであり，情報システムに関してこれらを規定しているのが（情報）システムモデルである．もう少しわかりやすくいうと，**EA** は企業が新サービス/製品を提供するまでの構想や機能・構造・実装について，多様な分野/レベルの専門家が表現した設計図のことで，例えば工業製品の製造では通常作成されるものである（図 2.21）．

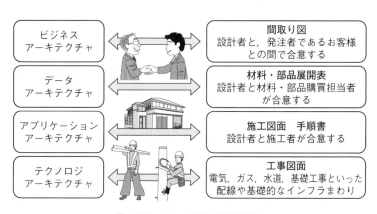

図2.21　EA と建築図面の対比

＊2.3節8項を参照.

　図 2.22 は UML＊で **EA** を表した例である．ここで，**BA**，**DA**，**AA**，**TA** はビジネス，データ，アプリケーション，テクノロジ，のアーキテクチャである．

　以下，**UML** による **EA** のモデリング作成の手順を示す．

　現状モデル，将来モデルの作成手順は図 2.23，図 2.24 にあるように現状モデルは既存資料から **UML** で組織やビジネスプロセス，情報資産など企業の構成要素を洗い出し，**BA**・**DA**・**AA**・**TA** に展開し，将来モデルは経営戦略（**BSC** で可視化）や各業界の標準化

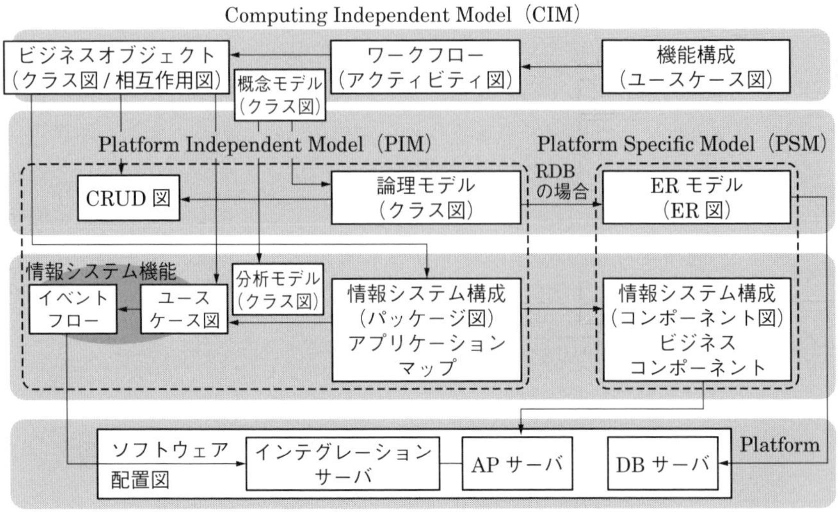

Computing Independent Model（CIM）

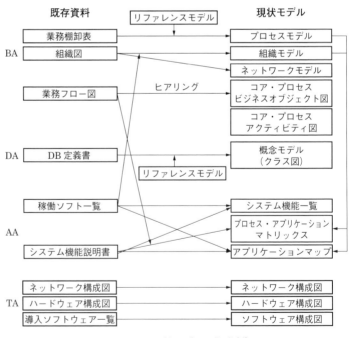

図 2.22　UML による EA

図 2.23　現状モデルの作成 [14)]

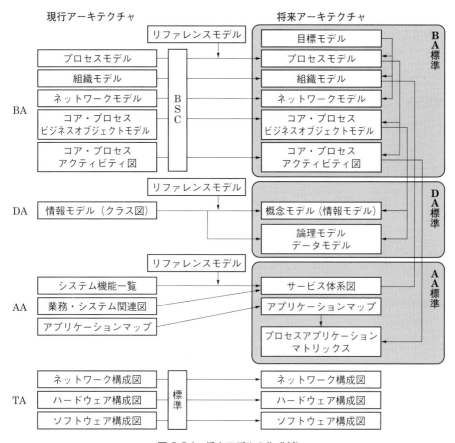

図 2.24　将来モデルの作成 14)

団体などが作成するリファレンスモデルを参考にして現状モデルから作成する．EA の成果物は情報システム調達における RFP（システム提案要求書）に使われるだけでなく自社開発にも使用する．

　図 2.25 はビジネスモデルからシステムモデルへの展開図である．

　EA は目的に応じたアプローチを取るべきである．例えば，電子情報技術産業協会が民間企業向けに提唱している IT 課題に応じた 5 つの EA 適用方法が参考になる 15)．その 5 つとは「IT 投資健全型」「情報活用型」「IT 基盤整備型」「業務改革型」「開発標準型」である．このアプローチごとに全社のどこを改革すべきか対象領域を検討し計画立案するためには図 2.26 の**ザックマン・フレームワーク**

ザックマン・フレームワーク：
Zachman
Framework

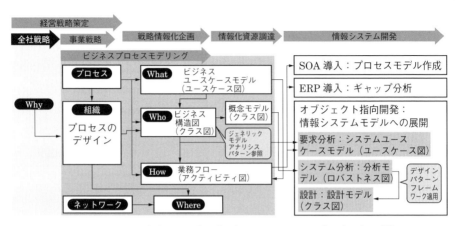

図 2.25　UML ビジネスモデル（BA）からシステムモデル（AA）へ[14]

視点 ＼ 分類名	WHAT 部品	HOW 働き	WHERE 配置	WHO 主体	WHEN 時間	WHY 戦略	分類名 ＼ 視点
経営視点	部品認識	プロセス 認識	配送認識	役割認識	タイミング 認識	モチベー ション認識	スコープ コンテキスト
ビジネス 管理者視点	部品定義	プロセス 定義	配送定義	役割定義	タイミング 定義	モチベー ション定義	ビジネス コンセプト
アーキ テクト視点	部品表現	プロセス 表現	配送表現	役割表現	タイミング 表現	モチベー ション表現	システム ロジック
エンジニア 視点	部品仕様	プロセス 仕様	配送仕様	役割仕様	タイミング 仕様	モチベー ション仕様	テクノロジ 物理
技術者視点	部品構成	プロセス 構成	配送構成	役割構成	タイミング 決定	モチベー ション決定	ツール 部品
製品	部品	プロセス	配送	役割	タイミング	モチベー ション	オペレーション インスタンス化
視点 ＼ 経営用語	部品 セット	プロセス フロー	配送ネット ワーク	責任 アサイン	タイミング サイクル	動機 意図	

図 2.26　Zachman Framework ver.3.0[16] を翻訳

　が有効である．これは ver.3.0 であるが，上段から下段に向けて経
営，ビジネス，アーキテクチャ，エンジニアリング，テクノロジの
視点，そして 5W1H の特定内容（専門軸）について各社の問題領
域を中心に集中的に取り組めばよい．ver.3.0 は従来，「データ」で
あった第 1 列が「Inventory Models ＝ Bills of Materials（部品）」
に変わったことが大きい．これは「データ」としていたことによっ

て，このフレームワークが IT に関することだと誤解されていたので，これを払拭させるためである．さらに，副題として「The Enterprise Ontology」としている．これは，「存在に関する体系的な存在論」という意味でザックマン・フレームワークが方法論と誤解されることが多いのでオントロジーとしたのであろう．

■8.　UML ビジネスモデル

1970 年代にプログラミング言語における新しい物事の捉え方として提案された**オブジェクト指向**は 1980 年代半ばには分析・設計にも利用されさまざまなモデリング記法が提案された．これらが 1997 年に **UML** として統合化されて以降改版を重ねて現代に至っている．UML モデリングは業務分析や SysML などエンジニアリングの分野まで拡大している．UML モデリング開発は部品化への取組みとしてライブラリ，パターン，フレームワーク，コンポーネント，ビジネスオブジェクト，アーキテクチャなどがこれまでに提案された．ここでは現在においても有用なものを取り上げる．

オブジェクト指向技術における**コンポーネント**とは，再利用あるいは置換ができるように構築されたモジュール群と定義できる．コンポーネントを開発する場合，アプリケーションを構成するコンポーネントの青写真が必要となる．これをアーキテクチャと呼んでいる．アーキテクチャの実現にあたりフレームワークが考案された．**フレームワーク**とは，各アプリケーションで共通に必要となる機能を提供する開発実行環境であり，アプリケーションの骨格を提供する．このフレームワークによってアプリケーション開発者は，アプリケーション固有の機能を実現するためのロジックを開発すればよく，フレームワークにはめ込むのである．

これらを活用した大規模なプロジェクトとして，1993 年に開始した IBM の**サンフランシスコプロジェクト**のビジネスコンポーネント，1996 年からの国際ソフトウェア標準化コンソーシアム OMG によるビジネスオブジェクト，1997 年に発足した CBOP，ビジネスオブジェクト推進協議会の業務レベルの再利用可能なソフトウェア部品流通基盤構築などがあった．

これらの取組みは，必ずしも成功とはいえないが，部品を使って

UML：
Unified Modeling
Language

SysML：
OMG Systems
Modeling
Language

OMG：
Object
Management
Group

CBOP：
Consortium for
Business Object
Promortion

開発するためのアーキテクチャとしては参考になる.

　デザインパターンとは，オブジェクト指向技術を用いたソフトウェアの再利用のために，過去の開発経験の中から有効な設計パターンを集め，カタログ化したものを意味している．デザインパターンは Web 上で公開されており，誰でも参照することができる．これは，設計上の問題を解決するための有効な手段として利用される場合が多い.

　クラスは，オブジェクト指向の基本概念であるカプセル化，情報隠蔽，継承や階層性を表現し，再利用を実現する重要な要素である．クラスは類似のオブジェクトの集合ともいえる要素であるが，その発見から洗練を担うモデリング手法として CRC カードが使われている.

▌9. 責任主導型設計と CRC カード

　オブジェクト指向の特徴として，カプセル化，情報隠蔽，クラス，継承，ポリモアフィズム，集約などがあるが，ソフトウェア再利用の観点から情報隠蔽のメカニズムを実現する手法は重要である．責任主導型設計は，クラスの責任・義務とクラス間の共同作業の関係を明らかにすることによってそれを実現している[18]．分析段階で，静的なオブジェクト設計と CRC カードをあわせて利用することで，オブジェクトの**粒度**などを考慮したより洗練されたクラスの設計が可能となる.

粒度：granularity

（a）基本的な考え方

　分析段階に重点を置く手法である.

　①　責任主導型設計

　クラス（class）の責任（responsibility）をはっきりと認識し，行動および共同作業者（collaborator）との関係を明確にする手法である.

　②　CRC カード

　Kent Beck によって考案された CRC カードは，個々のクラスを見出し用のカード（10 cm×15 cm）で表現する．1 枚のカードには次の 3 つの要素が含まれる.

　・C（クラス）：統一性のあるクラス名を定義する.

・R（責任）：問題解決のために責任をもって実行すべき項目を簡潔に表現する．1枚のカードに責任項目が多すぎて書ききれない場合は，そのクラスが複雑すぎることを意味し，適正な粒度に分割する指針となる．

・C（共同作業者）：自分（クラス）の責任を果たすために仕事を依頼する相手のクラス，すなわち共同作業者のクラス名を明らかにする．

③　シナリオによる設計

「もしこうしたら」というように使い方を想定しながらシナリオをシミュレーションし，共同作業をするクラスとその責任項目を明らかにする．

（b）分析段階での主な項目

①　事前調査フェーズ

・要求定義を理解する．

・名詞句の抽出，グループ化，抽象化によりクラスを発見する．

・動詞の抽出，クラスへの責任の割当て，クラス間から責任項目を発見する．

・責任項目を果たすうえでの関連する共同作業者を発見する．

・さまざまな場面（可能性）におけるシナリオのシミュレーションを行う．

②　分析フェーズ

階層図：hierarchy graphs

・クラス間の継承関係を階層図で表現する．

共同作業図：collaborations graphs

・スーパークラス・サブクラス，責任項目，共同作業の関係を共同作業図で表現する．

（c）CRC カードを用いた分析

要求定義からクラスを発見し，CRC カード上に表現する．CRC カードを図 2.27 に示す．カード上には，クラス名，責任項目，そして共同作業を行うクラスが表現される．

科目の履修登録を例にとって，CRC カードを作成してみる．ここでは，履修登録の要求定義としては次の項目を前提とする．

・メニューを表示し学籍番号とパスワードの入力を待つ．

・入力されたらパスワードを検査し，本人確認を行う．

・メニューに対応するトランザクションの処理を行う．

クラス名（Class）	
責任項目 （Responsibility） ︙	共同作業クラス （Collaborator） ︙

図 2.27　CRC カード

TransactionManager	
・メニューを表示し，入力を待つ． ・PinVerifier にパスワードを検査してもらう． ・メニューに対応するトランザクションを呼ぶ．	【　a　】 RegistrationManager ResultManager InquiryManager

図 2.28　TransactionManager の CRC カード

PinVerifier	
・パスワードを StudentManager から取り寄せ，もし非在籍なら，偽を返す． ・パスワードを求めるウィンドウを出す． ・利用者からパスワードを受け取る． ・2つのパスワードを比べ，結果を返す．	StudentManager

図 2.29　PinVerifier の CRC カード

・科目登録内容を入力してもらい，その妥当性をチェックし，正しければ登録処理を行う．

・科目登録時には，在籍と属性情報（学年次等）を確認する．

　必要なクラスとして，処理メニューの表示と処理の割当てをする TransactionManager クラス（図 2.28），パスワードから本人確認を行う PinVerifier クラス（図 2.29），科目登録内容の入力と登録処理を行う RegistrationManager クラス（図 2.30），学生の在籍を調べてパスワードや学生の属性情報を調べる StudentManager クラス（図 2.31），登録内容の妥当性をチェックする VerifyManager（図 2.32）などが考えられる．

　各クラス間の共同作業がどのように関わって行われているのかを図 2.33 に示す．

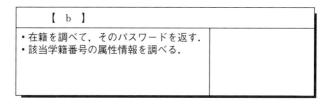

図 2.30　RegistrationManager の CRC カード

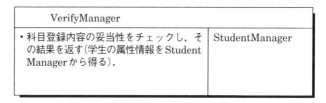

図 2.31　StudentManager の CRC カード

VerifyManager	
・科目登録内容の妥当性をチェックし，その結果を返す(学生の属性情報をStudentManagerから得る)．	StudentManager

図 2.32　VerifyManager の CRC カード

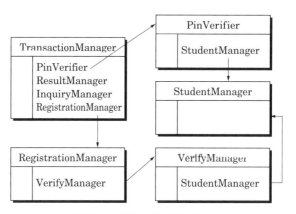

図 2.33　共同作業クラスの関係

【 演習 】図 2.28 と図 2.31 の【 a 】, 【 b 】を埋めなさい.
《 解答 》【 a 】PinVerifier　　【 b 】StudentManager

10. サービス指向アーキテクチャ

　ソフトウェア開発の部品化という観点からはおおいに成功を収めたオブジェクト指向であるが部品の粒度が小さく,再利用の範囲に限界があったためにアプリケーション開発者視点でモジュール化を進め,再利用の範囲を拡大した「コンポーネント指向開発」が生まれた. これはオブジェクト指向をベースにして機能中心のプラグ&プレイ型（動的に組込可能ですぐ使える）ソフトウェア部品を組み合わせて開発する手法である. アプリケーション開発者の視点で実装技術に依存して分割したコンポーネントをさらに進化させてビジネスの観点から再利用可能な単位として考えられたのが, **サービス指向アーキテクチャ（SOA）**である. すなわち,ビジネスプロセスに沿って業務システムを構築するシステム構築の手法（思想）のことである. ビジネス環境の変化によってビジネスプロセスを変更するときに,そのプロセスを実現するサービスを組み替えることによって対応する. さらに,インタフェースを実装技術からも独立させることによって IT 環境の変化にも柔軟に対応させる. したがって,SOA とは「ビジネスと IT の整合性を確保し,ビジネスと IT の環境変化に迅速かつ柔軟に対応するための,サービスを組み合わせてシステムを構築するアーキテクチャ」と定義できる. 技術的には Web サービスで実装されることが多い.

SOA : Service
Oriented
Architecture

　SOA は図 **2.34** にあるように,4 つの主要概念で成り立っている. アプリケーションフロントエンドはビジネスプロセスと連動してサービスを起動し,制御する. サービスは規約（利用法の仕様）と実装（ビジネスロジックとデータ）,インタフェース（クライアントへのサービス提供）からなる SOA の中心的な機能を担う. サービスリポジトリは必要なサービスを発見し,利用するための情報を提供する. サービスバスは **ESB** としてベンダから提供され SOA の参加者を相互に結び付ける.

ESB : Enterprise
Service Bus

　SOA の開発では,一般的に EA によって現状（As-Is）から将来（To-Be）に至るアーキテクチャを定義する. 図 **2.35** はサービス分

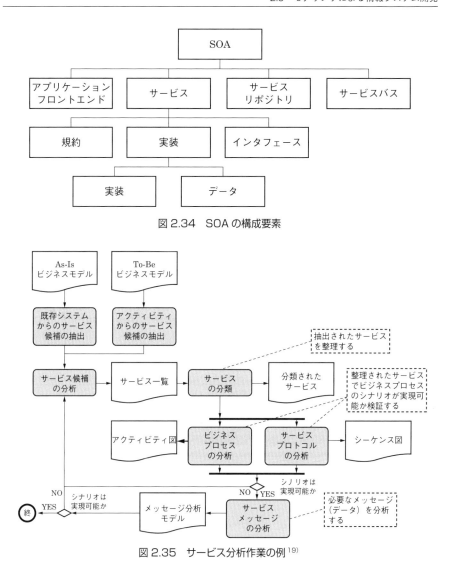

図 2.34 SOA の構成要素

図 2.35 サービス分析作業の例[19]

　析作業の実例である．EA のモデルからサービスを見つけるには，将来のビジネスプロセスモデルからビジネスに必要なサービスを定義するトップダウンアプローチと，既存のアプリケーションからどのようなサービスが定義できるのかを検討するボトムアップアプロ

ーチとがある．一般にはトップダウンアプローチからの粒度の大きなサービスと，ボトムアップアプローチからの粒度の小さなサービスを突き合わせてビジネス部門と情報システム部門が合意して定義することで，SOA の狙いであるビジネスと IT の整合性を実現するのである．サービスは表 2.3 のような原則に基づいて定義するとよい．

表 2.3　SOA の原則[20]

原則	概要
相互運用性	利用者がサービスを容易に使用できるように標準の規約に準拠すること
【　a　】	サービスは相互の依存関係を最小限に抑える
抽象化	サービスはロジックをカプセル化し外部から隠す
再利用性	再利用を最大化するようにサービスを分割する
発見性	サービスは見つけられるべきであり，見つけることができる
独立性/ 自律性	サービス自身が利用，依存するリソースを制御できること
構成可能性	大きなタスクを小さなタスクに「分割」できること
【　b　】	サービスはステートレスでなければならない
サービス品質	サービスは，サービスプロバイダとクライアント間の SLA を順守する
高い凝集性	サービスは，理想的には単一のタスクに対応するか，同じモジュールの一部として類似のタスクをグループ化すること

【 **演習** 】表 2.3 の【　a　】，【　b　】を埋めなさい．
《 **解答** 》【　a　】疎結合　　【　b　】ステートレス

　SOA のサービスは，その粒度や役割によって図 2.36 のような分類ができる．**プロセスサービス**はビジネスプロセス記述言語などで実現されるサービスで，変更が発生しやすく再利用性は低い．また，サービスが状態をもつことがある．**ビジネスサービス**はアクティビティ図で表すことが多いサービスで状態をもたず再利用性が高く上位の層をビジネスサービス，下位の層を**基本サービス**と呼ぶ．**アプリケーションサービス層**はビジネスサービスと実装技術を分離

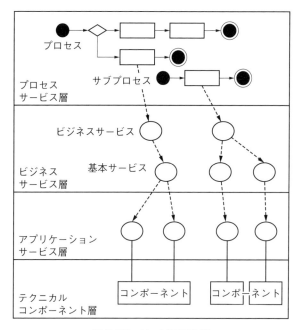

図 2.36　サービスの分類

するための特殊サービスで既存サービスをラップする役割も担う．再利用性はほとんどない．**テクニカルコンポーネント層**はパッケージ製品など標準技術では接続できない実装技術個別のシステムである．

　ここで，図 2.37 のようなネット通販業務のサービス設計を考えてみる．この例は顧客からの注文を受けて在庫を確認して配送するという一般的なビジネスである．

　サービスの粒度については，大きすぎると多くの機能を保持するのでアクセスが集中しパフォーマンスが低くなる可能性や，特定の要件専用となり再利用性が低くなる可能性がある．逆に，サービスの粒度が小さいと，多くのサービスを利用しなければならず開発が難しくなる，あるいは，多くのサービスを管理するためのコストがかかるといった弊害がある．したがって，例えば表 2.3 の SOA の原則に照らすなどして，大きすぎず小さすぎない，適切な粒度のサービスを考えることが重要である．UML でビジネスプロセスを描

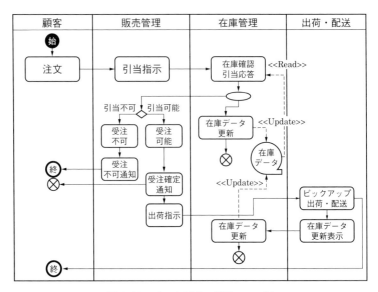

図2.37　ネット販売の業務フロー図
（情報処理推進機構（IPA）『はじめての STAMP/STPA（実践編）』の
図3.2-1を改変）

いてシステム要件定義に利用する場合は，アクティビティ図でユー
ザとの合意を得ることになる．例えば，表2.3のSOAの原則に照
らして，図2.37のネット通販業務に対してサービス候補を検討し
た結果が図2.38のようになったとする．疎結合，ステートレスの
観点からサービスを検証する．受注サービスにおいて，注文を受け
るメッセージが疎結合であるためには，注文ID，商品コード，注
文数，受取希望日を入れた汎用的なメッセージとする．在庫管理サ
ービスは在庫データに関するCRUDをもち，引当指示メッセージ
（引当ID，商品コード，注文数，受取希望日など）を受け取ると現
在の在庫データを照会して引当可能の可否を確認して，受注サービ
スに回答する．このとき，引当可能であれば在庫データの引当品目
の引当個数分を引当済みと更新する．受注サービスは引当不可であ
れば顧客に受注不可を通知して，受注可能の場合は受注確定を通知
して，出荷サービスに対して出荷指示メッセージを送る．
　出荷配送サービスはピックアップ，出荷・配送して在庫データを
更新する．サービス間でやりとりされる情報をサービスメッセージ

CRUD：Create
Read Update
Delete

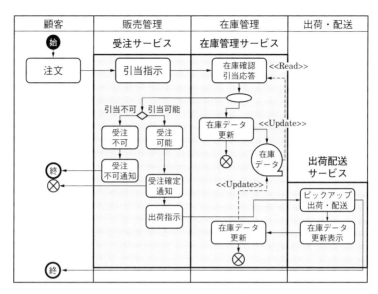

図 2.38　サービスの候補
(情報処理推進機構（IPA）『はじめての STAMP/STPA（実践編）』の
図 3.2-1 を改変)

というが，ステートレスでメッセージ交換するためには，対象とするサービスが必要とするデータ属性をすべてメッセージに含む必要がある．このためには，概念データモデルでメッセージを分析するモデルを作成して検討する．このように SOA のサービスではメッセージとしては必ずしも必要としないものまで含むと冗長となるので，通信のパフォーマンス向上のために ESB がメッセージ変換機能を担うものとして利用された．

　データに関しては各業務に必要なワークファイル的なデータは各サービスに付随するものとして，業務によらず共有すべき顧客や商品などのマスタデータはビジネスサービスとして各業務のビジネスサービスからメッセージを送って利用する．図 2.39 は基本サービスとして取引先認証サービスをあげた．これは顧客の認証サービスとしてビジネスの各サービスで認証情報を共有する．ユーザは認証サービスが提供するログイン画面を使ってログインして，払い出された認証コードや ID トークンを各サービスへ送信する．

　以上の検討から，図 2.40 のサービスが設計できる．

【　a　】
取引先番号
認証要求（取引先番号） 認証結果読込（認証コード， ID トークン）

図 2.39　SOA のサービス分析結果（基本サービス）

注文サービス	【　b　】	【　c　】	出荷配送サービス
商品コード 注文数量 配送希望日 顧客コード	受注番号 商品コード 注文数量 配送希望日 顧客コード	受注番号 顧客コード 注文数量 配送希望日 顧客コード	受注番号 商品コード 注文数量 配送希望日 顧客コード
送る注文（商品コード， 注文数量，配送希望日） 受ける注文回答（可否 回答） 受ける配送受領（商品 コード，配送数量）	送る引当指示 （顧客番号，商品コード， 注文数量，配送希望日） 送る出荷指示（受注番号， 商品コード，出荷数量） 送る注文回答（可否回答） 送る認証（顧客番号） 受ける注文（商品コード， 注文数量，配送希望日） 受ける認証（認証コード， ID トークン） 受ける引当回答 （可否回答）	受ける引当指示 （商品コード，注文数量， 配送希望日） 受ける在庫更新（商品 コード，出荷数量） 受ける引当回答（可否回 答） 送る注文回答（可否回答） 送る在庫引当（商品コー ド，注文数量，配送希望 日）	送る在庫更新 （商品コード，出荷数量） 送る配送受領（顧客番号， 商品コード，配送数量） 受ける出荷指示（受注番 号，商品コード，出荷数 量）

図 2.40　SOA のサービス分析結果（ビジネスサービス）

【 **演習** 】図 2.39，図 2.40 の【　a　】〜【　c　】を埋めなさい．

《 **解答** 》【　a　】取引先認証サービス　　【　b　】受注サービス
　　　　　　【　c　】在庫管理サービス

　SOA 導入後の企業システムのアーキテクチャは図 2.41 に示すよ

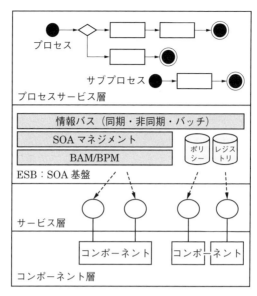

図2.41 SOAの構造[20)]

うに EA の概念を取り込み，システムアーキテクチャの最上層にビジネス層を設定している．従来のアプリケーション（ERP パッケージ，レガシーシステムなども含む）や新規に開発するプログラムは，最下層のコンポーネント層に配置され，これをサービス層でラッピングし，ESB を通じて，具体的なビジネスプロセス（業務フロー）とつないでいる．

　サービス層を設けることによって，個別のアプリケーションの技術的な特性から独立させ，また，従来アプリケーションでコントロールしていたプログラム間通信を ESB に任せることで，サービスの自由な組合せと変更を可能にしている．

SOAP：
Simple Object
Access Protocol

WSDL：
Web Services
Description
Language

BPEL：
Business Process
Execution
Language

▌11. マイクロサービス

　SOA は通信プロトコルを **SOAP**，インタフェースの記述を **WSDL** といった XML ベースの仕様群を用いてサービスを実現し，サービス間を ESB を介して連携させ，ときには **BPEL エンジン** をもつミドルウェアを導入のうえワークフローアプリケーションを

構築することもあった．ESB はプロトコル変換，メッセージ変換
や高負荷制御，セキュリティなどの非機能面を担保する高機能で複
雑な商用製品で，導入のハードルが高く，トップダウンで各種シス
テムをつなぎ，利用する技術の標準化を強く推し進めようとした．

SoD：Systems
of Differentiation

SoI：Systems of
Innovation

このことが SoD（差別化システム）が中心だった SOA に対して
SoI（革新システム）が増え，よりスピード重視となり，他社サー
ビスの活用が増えるに及んで限界が出てきた．さらに，ソフトウェ
アのスピーディで安全なデリバリが重視され，アプリケーションの
メンテナンス性，テスト容易性，デプロイ容易性の観点から新しい
ソフトウェアアーキテクチャが求められた．

マイクロサービスは，小さなサービスを組み合わせて複雑なアプ
リケーションを構成するアーキテクチャによる開発アプローチの
ことであり，2014 年に Martin Fowler と James Lewis が提唱し
た[22]．最近は Docker などのコンテナ仮想化技術や，Continuous
Integration などのインフラ自動化技術を活用する開発スタイルに
なっている．

DDD：Domain-
Driven Design

マイクロサービスは SOA の実現形態の一つであり，DDD（ドメ
イン駆動設計），CI/CD（継続的インテグレーションデリバリ），イ
ンフラ仮想化，自動化，アジャイル開発プロセスといったさまざま
な分野の技術や方法論を組み合わせることで成り立つ，システム変
更速度を上げる総合的な実践法である．特に，Web アプリケーシ
ョンが当初のブラウザ＋モノリシックな Web アプリから SPA ＋モ

SPA：Single
Page Application

ノリシックな API サーバ（SPA ＋ JSON）へと歴史的変遷を経て，
API ゲートウェイから多様なマイクロサービスを使って複雑な機能
を迅速に提供する開発スタイル（図 2.42，図 2.43）が時代の要請に
応じている．これによって，Web API 連携によるビジネスアプリ
ケーションが広がり，逆に API エコノミーとしてビジネスを考え
ることが必要になっている．ここで重要になるのがプロセス間通信
（IPC）で，HTTP を使う IPC メカニズムの REST API が広く使用
されている．これは，URL で参照されるリソースを HTTP 動詞
（GET，POST，PUT，DELETE）でアクションし，ステートレス，
別の情報へのリンクがあるなどの REST の原則に従った API で，
フルに従ったものを **RESTful** という．

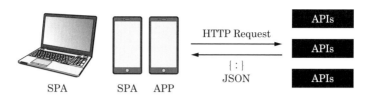

図 2.42　Web アプリケーションの歴史的

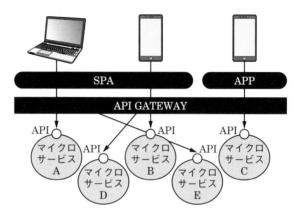

図 2.43　マイクロサービスアーキテクチャ

　マイクロサービスの分割については，ドメイン駆動設計（DDD）の「コンテキストマップ」の作成が参考になる．この領域には独自のルールと文化が存在している．ドメインが大きく複雑すぎるときには「コアドメイン」「サブドメイン」という適切な大きさに分割する．「コアドメイン」は最も重要で戦略的に不可欠な部分であり，補助的な部分が「サブドメイン」である．対象とする問題領域における課題をソフトウェアで解決する領域を「**コンテキスト**」と呼ぶ．モデルが巨大にならないように開発関係者共通の用語である**ユビキタス言語**が通じる境界に沿ってコンテキストを複数に分割したのが「**境界付けられたコンテキスト**」（業務用語セットが表現し得る語彙空間）である．「境界付けられたコンテキスト」とマイクロサービスが 1：1 であるとよいデザインとされる．

　DDD によれば，システム開発の設計を行う組織は，その組織のコミュニケーション構造に準じたシステムを作り出すという「**コン**

ウェイの法則（**Conway's law**）」があるので開発組織を検討する際に留意するとよい．これらは，表2.3にあげたSOAの原則とともに業務や論理の独立性（疎結合，高凝集性）から再利用性を高めるものである．マイクロサービスは実装の独立性をさらに高めるために図2.44の原則で分析する．

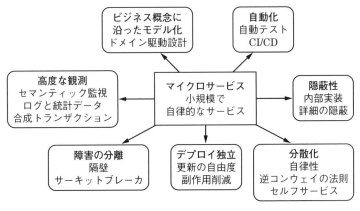

図2.44　マイクロサービスの原則[23]

　最後に，マイクロサービスは疎結合と高凝集性を追求したがゆえに更新スピードと自由度を獲得できるが，モノリシックアプリケーションが得意とするデータの統合，複数サービスにまたがるトランザクション処理，同期的サービスなどの実現には工夫が必要である．例えば，マイクロサービスがゲストOSの起動をせずに，ゲストOS対応のアプリを起動させるコンテナ型の仮想化技術であるDockerによるコンテナイメージで実装された場合には，Dockerオーケストレーションフレームワークである**Kubernetes**などによって，システム全体を効率よく管理したり，効果的に組み合わせたりする必要がある．また，マイクロサービスによるシステムを運用する場合，同時に多数のサービスを独立に動作させることが必要となり，運用・管理する仮想マシンやコンテナの数は大きく増えることになる．そこで，運用・管理作業を効率よく行うためのツールとして注目されているのが，**サービスメッシュ**（**Service Mesh**）である．
　このようにビジネスのスピードを追求するために，マイクロサー

ビスアーキテクチャを採用することは，組織の構造やルールを変え，幾多の技術的挑戦を行ってでもビジネスとそのためのソフトウェアを拡大させることに賭ける」という選択といえる．

図 2.37 のネット販売システムのマイクロサービスアーキテクチャを，①システム操作を洗い出し，②サービスを洗い出し，③サービス API と連携方法を定義する，という 3 ステップで定義する．

① システム操作の洗出し

システム操作とはアプリケーションシステムが処理すべきリクエストのことで，データを書き換えるコマンドか，データを読み取るクエリになる．個々のコマンドは業務要件から引き出される抽象的なドメインモデル，すなわち概念データモデルを参考にして外部からのシステム操作を定義する．

【 **演習** 】図 2.45 の概念データモデルの【　】を埋めなさい．

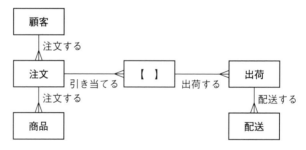

図 2.45　概念データモデル

《 **解答** 》在庫（図 2.46 参照）

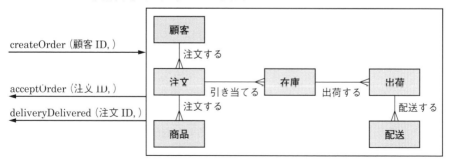

図 2.46　システム操作

② サービスの洗出し

ドメイン駆動設計（DDD）の「境界付けられたコンテキスト」による「コンテキストマップ」から「コアドメイン」と「サブドメイン」への分割をベースに，開発組織を逆コンウェイの法則で定め，SOA の原則やマイクロサービスの原則から実装の独立性も加えたうえでマイクロサービスを定義した（図 2.47）.

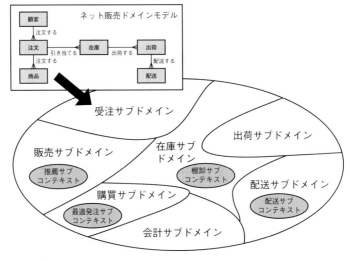

図 2.47　ドメインコンテキストからの分割

【 演習 】図 2.36 のネット販売システムのマイクロサービスを定義しなさい.

《 解答 》マイクロサービスとしては，受注，顧客，在庫，推薦，棚卸，出荷，配達，会計，購買，最適発注，通知といったサービスが考えられる.

③ サービス API と連携方法の定義

システム操作の createOrder は受注，顧客，会計，在庫といったサービスと連携する必要があり，acceptOrder は在庫から引き当てして受注の可否を回答するので，受注，在庫，通知といったサービスと，deliveryDelivered は配達，通知サービスとの連携で実施

される.

図 2.48 は，ネット販売のマイクロサービス連携全体図である．API ゲートウェイは複雑なシステムに対してシンプルな窓口を用意する Façade デザインパターンと同様にモバイルアプリケーションからネット販売管理にアクセスするときに必要なリクエストのルーティング，1 回の API リクエストで必要な多数の API 合成や，プロトコル変換，認証，モニタリング，トラフィック制御などの前処理を行う．コールセンタからの Web UI は顧客からの直接発注だけでなくて，電話などによる注文でオペレータが受注入力や顧客登録を行う．

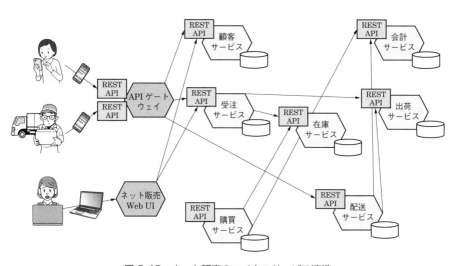

図 2.48　ネット販売のマイクロサービス連携

マイクロサービスは疎結合，ステートレス，非同期の原則で部品化を徹底するために各サービスが必要なデータをサービス内にもつためにデータの整合性が課題となり，例えば **Saga** パターンのような対策が必要となる．Saga パターンは，複数のサービスにまたがるデータの整合性を維持するメカニズムである[24]．

第3章

企業情報システムの開発（高品質と新技術対応）

　企業は外部環境の変化に対応して，機能のほかに非機能要件と新技術に対応する必要がある．高信頼性システム開発は，社会インフラだけでなく自動車やスマート家電などの一般消費財にもディペンダビリティという耐障害性の開発方法論であるDEOSやC言語が抱えるリスクを排除したMISRA-Cなどが実用化されている．本章では，従来から高品質ソフトウェア開発に活用され，現在のアジャイル開発などにも影響を与えたクリーンルーム開発とシステムとして安全性を考えるセーフウェア，サービスデザイン思考によるデジタルビジネスの開発手法を取り上げる．

3.1　高品質システム開発

1. クリーンルーム手法

　クリーンルーム手法は，高品質なソフトウェアを開発するために数学や統計学を応用し，厳密な工学的プロセスを通して"欠陥の除去"よりも**"欠陥の防止"**に重点を置いている．この名称は半導体生産のための無塵室に由来しており無欠陥なソフトウェアと開発プロセス管理の容易さを目標としている．

（a）基本的な考え方

　クリーンルーム手法は，**インクリメンタル開発**，関数に基づく仕様・設計・検証，そして統計的テストと品質保証の3つの主要な手法からなっている．

　①　インクリメンタル開発

　ユーザから見た機能のひとまとまりを**インクリメント**と呼び，開発対象のソフトウェア全体をインクリメント単位に分割し，段階的，累積的に開発する．

　②　関数に基づく仕様・設計・検証

　仕様・設計記述は，外的な視点（ユーザの立場）のブラックボックスからはじまり，システム内部の視点からステートボックスを導出し，さらに手続き記述を加えたクリアボックスへと展開する．クリアボックスの手続き記述（プログラムコード）は，関数的正当性定理により検証される．

　③　統計的テストと品質保証

　ソフトウェアの機能ごとの使用分布（使用モデル）からランダムサンプリングしテストケースを生成する．テストケース実行時のMTTF（平均故障発生間隔，平均故障寿命）を用いて母集団の品質を推定する．

（b）クリーンルーム手法の開発プロセス

　クリーンルーム参照モデル（CRM）[1]は，カーネギーメロン大学のSEIで開発されたもので，クリーンルーム手法に基づく開発プロセスを表している．CRMは，ソフトウェア管理，仕様，開発，品質保証の各分野にわたって14個のプロセスから構成されている．図3.1に，クリーンルーム手法の流れを示す．

- ・ソフトウェア管理プロセスは，プロジェクト計画，プロジェクト管理，パフォーマンス改良，工学的指針の変更である．
- ・仕様プロセスは，要求分析，機能仕様，使用仕様，アーキテクチャ仕様，インクリメント計画である．要求分析プロセスでは，ユーザの要求を定義し，それを機能仕様プロセス（外的な視点での仕様作成）と使用仕様プロセス（ユーザの種類，システムの利用パターンなどの仕様作成）で正確に記述する．
- ・開発プロセスは，ソフトウェアリエンジニアリング，インクリ

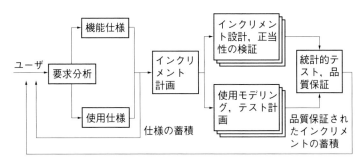

図3.1　クリーンルーム手法の流れ

メント設計，正当性の検証で，インクリメント単位に繰り返し
行われる．
・品質保証プロセスは，使用モデリング，テスト計画，統計的テ
ストと品質保証である．

(c) クリーンルーム手法のボックス構造分析

クリーンルーム手法は，インクリメンタル開発，関数に基づく仕
様・設計・検証，そして統計的テストと品質保証の3つの主要な
手法から構成されているが，ここではソフトウェア開発の核となる
仕様・設計プロセスに関して例題を用いて説明する．クリーンルー
ム手法では，ブラックボックス，ステートボックス，クリアボック
スのボックス構造を用いて仕様記述と設計が行われるが，次にその
流れを示す．

ボックス構造：
box structures

（1）ユーザ要求の確定
（2）システムのブラックボックスの作成
（3）ブラックボックスがユーザ要求を満たしているかをチェック
（4）ステートボックスの作成
（5）ステートボックスをブラックボックスに対して検証
（6）クリアボックスの作成（新しいブラックボックスの作成）
（7）クリアボックスをステートボックスに対して検証
（8）新しいブラックボックスに対して（4）から（7）までの繰
　　り返し
上述の用語の意味は次のとおりである．
・**ブラックボックス**：ブラックボックスは，設計に立ち入ること

なくシステムの機能の視点から外的動作を表現し，関数的には，SH（刺激の履歴）→ R（反応）で表される．SH の刺激の履歴には，現在の刺激も含まれる．例として，過去 10 年間の大学受験者数の平均を大学受験者数予測とする大学受験者数予測システムのブラックボックスを図 3.2 に示す．ここで，S(i)：今年の大学受験者数，R(i)：来年の大学受験者数予測とする．

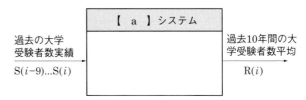

図 3.2　大学受験者数予測システムのブラックボックス

・**ステートボックス**：ステートボックスは，ブラックボックスの外的動作を実現するために内部状態（データ）を抽出し，「古い状態（OS：Old State）と刺激（S：Stimulus）」に基づいて「新しい状態（NS：New State）と反応（R：Response）」を定義する．関数的には，(OS, S)→(NS, R)で表される．例えば，過去 10 年間の大学受験者数の平均を大学受験者数予測とする 5 大学受験者数予測システムのステートボックスを作成すると図 3.3 のようになる．ステートボックスでは，システムをデータの視点から捉え，内部状態としてボックス内に保持することに注意しなくてはならない．

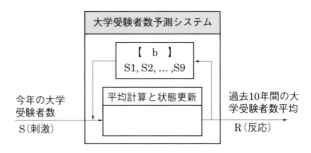

図 3.3　大学受験者数予測システムのステートボックス

・**クリアボックス**：クリアボックスは，システムの外的動作，それを実現するための内部状態（データ）と手続き（プロセス）を示している．関数的には，$(OS, S) \rightarrow (NS, R)$ by procedure で表される．例えば，過去 10 年間の大学受験者数の平均を大学受験者数予測とする大学受験者数予測システムのクリアボックスは，図 3.4 のように表される．このようにクリアボックス

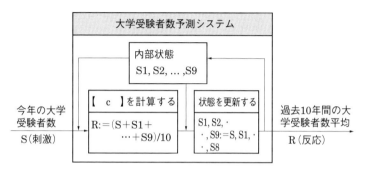

図 3.4 大学受験者数予測システムのクリアボックス

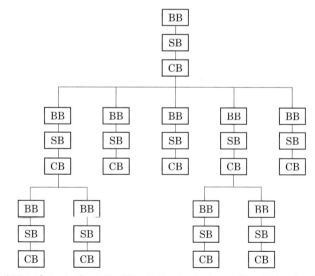

（BB：ブラックボックス，SB：ステートボックス，CB：クリアボックス）

図 3.5 ボックス構造の階層

プロセスの視点：
procedure view

では，システムをプロセスの視点から捉え，ステートボックスの内部状態を用いてステートボックスの動きをどう実現するかを示さなくてはならない．

図 3.4 に示されているように，仕様と設計が詳細化されることでボックス構造は階層化され，最終段階ではプログラムコード化されたクリアボックスが生成される．

【 演習 】図 3.2，図 3.3，図 3.4 の【a】〜【c】を埋めなさい．

《 解答 》【　a　】大学受験者数予測

【　b　】内部状態（またはデータ）　　【　c　】平均

2. セーフウェア（STAMP/STPA）

現代はコンピュータがさまざまな場面で活用されるようになり，システムは IoT の普及などにより拡大・複雑化してきた．そしてソフトウェアが社会の至るところに使用されるに及んで，これまでとは異なる問題が起き始めている．これまではシステム全体を構成する部品を高信頼化してテストすればよかったが，部品だけを安全で高信頼化しても全体のシステムとしてはエラーが発生している．従来のようにシステムの構成要素である各機器のハードウェア的なアクシデント対策をするだけでなく，ソフトウェアを含めて相互作用を検討する必要がある．STAMP はこのように現在の複雑なシステムの安全を保つため，ハードウェアとソフトウェア，さらに人や組織との関係まで含めた分析を行うものである．

レブソンが調査した数百件のソフトウェアに関する事故では，すべての事例でソフトウェア自体は要件を満たし，実装も正確だったにもかかわらず想定外や全電源喪失などの過酷事故対応がなかったなど要件そのものが間違っていた[2]．問題がソフトウェアエンジニアリングではなく，システムエンジニアリングの問題となってきたのである．そこで，レブソンが提唱したのがシステム理論に基づく新たな事故モデル（**STAMP**）と STAMP に基づく安全解析手法**STPA** である．ここでは情報処理推進機構（IPA）発行の「はじめての STAMP/STPA（実践編）[3]「3. STPA 活用事例解説」で業務系システムへの応用検討の例題「ネット通販システム」を参考にして

STAMP：
System-Theoretic
Accident Model
and Process

STPA：
System-Theoretic
Process Analysis

概要を紹介する．業務系システムにおいても情報通信システムを多用しており，サービスが停止した場合の影響は非常に大きいので，サービスの停止をアクシデントとしたSTAMP/STPA分析によってその危険性を下げるように備えることが可能であれば大きな恩恵が得られる．

分析対象は2章で紹介したSOAの例題と同じ図2.38のネット販売として，対象とする業務は「販売管理」「在庫管理」「出荷」「配送」に限定する．

ここでは「注文した商品が利用者に配送されない」ことをアクシデントとしている．ハザードは，最悪の条件と重なることでアクシデントにつながるようなシステムの状態のことであり，「受注ステータスが確定と決定された注文に対して，商品が出荷されていない状態」としている．

安全制約は，ハザード状態を起こさないことであり，「受注ステータスが確定と決定された注文に対して，速やかに商品が出荷されなければならない」となる．

以下の手順に基づいてコントロールストラクチャの構成要素である「コンポーネント」「コントロールアクション」「フィードバックデータ」を抽出し，それらを用いてコントロールストラクチャを作成して，ハザードの起こる要因を明らかにして対策を業務に盛り込むのである．

(1) アクティビティ図から，安全制約に関係する「処理」を抽出する．

(2) 抽出された処理のうち，その処理から発する矢印（遷移）が機能間をまたぐものについて「コントロールアクションを発行する処理」か「フィードバックデータを発行する処理」のいずれかに該当するか否かを判定する．

(3) コントロールアクションに該当する矢印（遷移）の矢元と矢先の機能を「コンポーネント」とする．

(4) 上記によって得たコンポーネント，コントロールアクション，フィードバックデータを用いてコントロールストラクチャを構築する．業務フローでは二重線をコントロールアクション，太い破線をフィードバックデータとして表した（図3.6）．

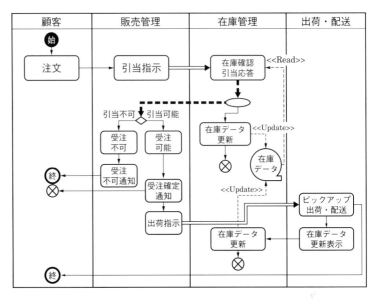

図 3.6　コントロールアクション（二重線）とフィードバックデータ（太い破線）の識別
（情報処理推進機構（IPA）『はじめての STAMP/STPA（実践編）』[3] の図 3.3-2 を改変）

　これまでの作業により図 3.7 のコントロールストラクチャを構築した．

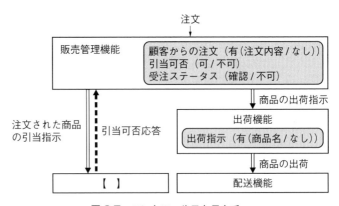

図 3.7　コントロールストラクチャ
（情報処理推進機構（IPA）『はじめての STAMP/STPA（実践編）』[3] の図 3.3-3 を改変）

【**演習**】図 3.7 の【　】を埋めなさい.
《**解答**》在庫管理機能

　このコントロールストラクチャに対して以下の 4 つのタイプの
ハザードにつながるコントロールアクションを抽出する.
　　(1) 安全のために必要とされるコントロールアクションが与え
　　　　られないことがハザードにつながる.
　　(2) ハザードにつながるコントロールアクションが与えられる.
　　(3) 安全のためのコントロールアクションが,早すぎて,遅す
　　　　ぎて,または順序通りに与えられないことでハザードにつ
　　　　ながる.

表 3.1　STAMP/STPA 分析で得られた結果
（情報処理推進機構（IPA）『はじめての STAMP/STPA（実践編)』[3] の表 3.4-1 を改変）

安全を阻害する アクション	ハザード要因	安全要件	対策例
出荷可能数量が注文数より少ないのに受注確定して出荷指示が出たが商品数不足で出荷できない	在庫データが最新化される前に在庫確認して引当可否応答する	引当前に在庫データを最新化する	①「在庫データ確認・引当可否応答」において在庫データの参照と更新を不可分な処理として同時に行う
受注確定して出荷指示が発行されても出荷されない	出荷指示が出たが出荷担当が認識せず出荷されない	出荷指示が確実に認識されること	② 出荷指示受領の【　】を追加する
	出荷指示が出たが配送能力が不足して出荷できない	配送機能は受注最大量に応じた十分な能力をもつこと	③最大受注量に応じた配送能力をもつ配送業者に業務委託する
出荷指示とは異なる商品が出荷される.その商品が他の注文引当済商品の場合その出荷ができない	出荷担当者の誤認識で出荷指示とは違う商品が出荷される	商品の出荷指示が正しく認識されること	② 出荷指示受領の【　】を追加する
受注ステータス確定の注文に対して出荷指示が発行されてすぐに出荷されない	出荷指示が発行されても出荷担当の出荷指示の認識が遅れてすぐに出荷されない	商品の出荷指示が速やかに認識されること	② 出荷指示受領の【　】を追加する
	出荷指示が発行されても配送能力が不足して配送が受け付けられない	配送機能は受注最大量に応じた十分な能力をもつこと	③最大受注量に応じた配送能力をもつ配送業者に業務委託する

（4）安全のためのコントロールアクションの停止が早すぎる，
　　　もしくは適用が長すぎることがハザードにつながる．
その結果を表 3.1 にまとめた.

【 演習 】表 3.1 の【　】を埋めなさい.
《 解答 》フィードバック

　対策を業務フローに盛り込んだのが図 3.8 である．出荷指示に対する確認応答（Ack：Acknowledgement）をフィードバックしている.

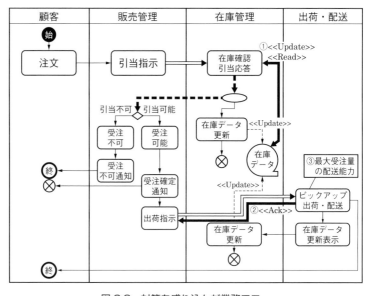

図 3.8　対策を盛り込んだ業務フロー
（情報処理推進機構（IPA）『はじめての STAMP/STPA（実践編）』[3] の図 3.3-6,
図 3.3-8 を図 3.6（p.98）に反映して改変）

　これらの分析から，さらに「カートに入れる」機能を追加して発生する注文量の事前予測を行い配送能力を動的に制御する，注文商品の在庫引当ができなかったときの機会損失を避けるために在庫量を最適化して商品入荷機能を追加するなど，業務改善も検討できる.

■3.2 デジタルビジネス

　情報システムは，情報技術の進化とビジネス環境の変化に応じて
進化してきた．情報システムは，インターネットで全世界とつなが
り，スマートフォンで情報発信源が消費者へと移り，IoTによって
テクノロジが日常に浸透することで人や物がネットワークでつなが
ってビッグデータを生み，統計解析や人工知能（AI）などによっ
て新たな顧客価値を生み出している．このデジタルビジネスが21
世紀をサービス化社会へと大きく変貌させている．本節では企業情
報システムの最新動向としてのデジタルビジネスを取り上げて，そ
の開発手法について解説する．

■1. デジタルビジネスとは何か

　デジタルビジネスとは，ITがあらゆる社会に行き渡り，人や物
がネットワークでつながる時代に新たな価値を提供するビジネスの
ことである．

　アナログ情報のままの物理的な実際の社会（フィジカル空間）に
仕掛けたセンサを通して人々が発信するつぶやき，位置情報などを
デジタルの世界（サイバー空間）に関連付けた「**デジタルツイン**」
の世界が実現できるに至って，フィジカル空間のモニタリングを行
い，統計解析や機械学習，シミュレーションなどによって新たな顧
客価値提供を行うことができる．例えば，現実世界における将来の
故障や変化を予測できる．このようなデジタルビジネスの構造を図
3.9に示した．デジタルビジネスの開発は，人間中心の新たな価値
を生み出し，その価値を実現して提供し，そのインパクトを最大化
するという「デザイナ」「エンジニア」「ビジネスマン」の役割が必
要とされる．その開発技法として，「サービスデザイン思考」と「シ
ステム思考」を取り上げ，最後に全体の開発方法論について解説す
る．

図 3.9　デジタルビジネスの構造

▌2.　サービスデザイン思考

　サービスデザイン思考は，「顧客の視点から問題点を見つけ出し，顧客にとって好ましく，価値あるアイデアを発想して検証し，提供者の視点から全体のサービスをデザインし，ビジネスとして提供すること」である．デザイン思考に対して具体的にビジネスとして具体化するところまでを包含したアプローチである．モノが溢れた現代の顧客は機能だけでは満足できず，本当に必要なサービスとして長期的に使いやすい「サービスデザイン」が求められている．さらにサービスは目に見えないので，プロトタイプによる試行錯誤によってサービスコンセプトを検証するデザイン思考がベースになっている．サービスデザインは多様な分野のさまざまなメソッドやツールを組み合わせて使うのが特徴である（図 3.10）．サービスデザインに定義はなく，その代わりに，①**ユーザ中心**（user-centered），②**共創**（co-creative），③**インタラクションの連続性**（sequencing），④**物的証拠**（evidencing），⑤**ホリスティック**（holistic）（全体的）な視点，という 5 原則がある [4]．

　ペルソナ（図 3.11）は顧客のプロフィールを設定して顧客価値創造の起点となるデザインシンキングで重要な顧客イメージである．その内容は名前，性別，年齢，職業，家族，出身地，住所，学年，趣味といった一般的なプロフィールのほかに，「なし遂げよう

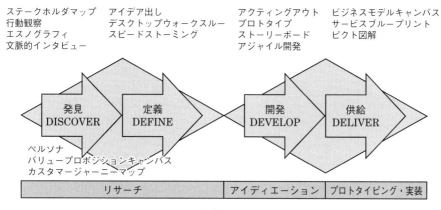

ステークホルダマップ　　アイデア出し　　　　　　　　アクティングアウト　　ビジネスモデルキャンバス
行動観察　　　　　　　　デスクトップウォークスルー　プロトタイプ　　　　　サービスブループリント
エスノグラフィ　　　　　スピードストーミング　　　　ストーリーボード　　　ピクト図解
文脈的インタビュー　　　　　　　　　　　　　　　　　アジャイル開発

ペルソナ
バリュープロポジションキャンバス
カスタマージャーニーマップ

	リサーチ		アイディエーション	プロトタイピング・実装

図3.10　サービスデザイン思考の代表的なツール

概要特性		ずっと実家からの通学で北海道を出たことがない．一人っ子で人見知りをするので両親は家にずっといることを良しとしている．パソコンはどちらかというと苦手
江別小麦子	やりたいこと	将来やりたいことがまだ決まっていないので適職を見つけたい
18歳，大学1年生	ゲイン（嬉しいこと）	家にこもってする料理や読書が好き．ネットの世界で動画や音楽を楽しんでいる
江別市在住	ペイン（嫌なこと）	人見知りで，友達も少なく，何事にも消極的，グループワークや初めてのことが怖くてやりたくない
実家も江別	矛盾やジレンマ	都会で適職を見つけてみたいが，人が多くて自然もないので迷っている．北海道で何か見つけるしかないかもしれない

図3.11　ペルソナの例

としていること」，「ゲイン：望む結果や恩恵」，「ペイン：望ましくない結果，障害，リスクなど」を，実在する顧客にインタビューしたり，行動を観察したり，日常生活をともにしたり，極端なユーザを調べたり，矛盾点を調べたりしてペルソナを深く理解する．

　ペルソナのイメージが湧く名前や写真（イラスト）を添えると関係者の共通理解の助けになる．

　カスタマージャーニーマップ（図3.12）は，ユーザの視点でサービスとの顧客接点を一連のジャーニーとして顧客の感情の起伏とともに表して，問題領域と発展可能な領域を発見して新たなサービスアイデアを生み出す起点となる．

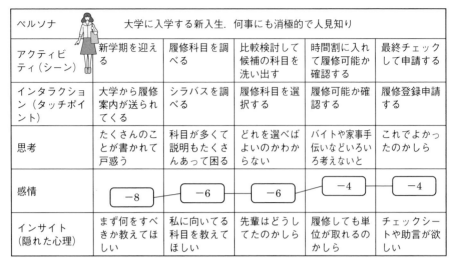

ペルソナ	大学に入学する新入生．何事にも消極的で人見知り				
アクティビティ（シーン）	新学期を迎える	履修科目を調べる	比較検討して候補の科目を洗い出す	時間割に入れて履修可能か確認する	最終チェックして申請する
インタラクション（タッチポイント）	大学から履修案内が送られてくる	シラバスを調べる	履修科目を選択する	履修可能か確認する	履修登録申請する
思考	たくさんのことが書かれて戸惑う	科目が多くて説明もたくさんあって困る	どれを選べばよいのかわからない	バイトや家事手伝いなどいろいろ考えないと	これでよかったのかしら
感情	−8	−6	−6	−4	−4
インサイト（隠れた心理）	まず何をすべきか教えてほしい	私に向いてる科目を教えてほしい	先輩はどうしてたのかしら	履修しても単位が取れるのかしら	チェックシートや助言が欲しい

図 3.12　カスタマージャーニーマップ

【演習】 自分をペルソナとするなら，どのようになるか考えなさい．

【演習】 自分の関心があるサービスについて，カスタマージャーニーマップを作成しなさい．

▎3．システム思考

　システム思考とは，目の前にある表面的な出来事だけにとらわれるのでなく，その時間推移に見られるパターンや，それを作り出している問題の構造，さらには関連する人々の意識や無意識の考え方や価値観までを見て，最も効果的な問題解決をしようとするアプローチである．その代表的な技法が，MIT スローンスクール（MIT Sloan）の Jay Wright Forrester 教授が 1956 年に創案した**システムダイナミクス**である．この SD は応用領域の拡大とともにさまざまな名前*で呼ばれてきた．これらを総称して広義のシステムダイナミクスと呼ぶ．使用する代表的なツールは因果関係で問題の構造を表す「**因果ループ図**」と，レベルや蓄積量を表すストックと，その変化量を表す「**フロー**」で問題の構造がもたらす動的挙動（ダイナミクス）を分析する「**ストックフロー図**」である．

システムダイナミクス：SD

* Industrial Dynamics, Urban Dynamics, World Dynamics, Business Dynamics など．

　情報システムが社会のあらゆる領域に広がり，解決すべき問題が複雑化，複合して **System of Systems 化**している現在，社会インフラやスマートシティのようなエコシステムの開発ではシステム思考は必須の開発アプローチになっている．情報システム開発におけるシステム思考の活用領域は，主に「問題の可視化」「問題解決策の概念実証 PoC」「ビジネスモデルの PoC」などである．順に事例を見ていこう．

PoC：Proof of Concept

（a）問題の可視化

　食の臨床試験[5] を図 3.13 の因果ループ図で考えてみよう．これは機能性のある食品を住民ボランティアに食べてもらって臨床試験するものであるが，通常は被験者を集めることが難しく，報酬など費用も発生する．そのため，機能食品摂取効果のエビデンスを集めることが易しくない．そこで地域に立地する大学が臨床試験の実施主体となり住民が無償で健康によい食のサービスを受け，さらに定期的な健康診断が無料で受診できるということから住民の参加が増え，健康に関心をもつ住民が増えれば生活習慣が改善されて医療費が削減される．そうなれば自治体も協力して住民に利便性の高い健

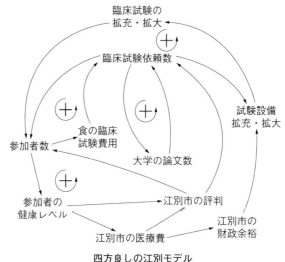

四方良しの江別モデル
安い（メーカ），健康（市民），論文数（大学），健康都市（江別市）

図 3.13　問題構造図（因果ループ図）[5]

康チェックステーションを増やして，さらに住民参加が増える．一方，大学はエビデンスに関する論文が書ける．このように社会問題の構造を可視化してみるとヘルスケアサービスの地域臨床試験は強いビジネスモデルになることがわかる．このように相互に依存した問題の解決策の検討にシステム思考が使われている．この問題構造図からシミュレーションが可能なストックフロー図へと分析を進めていくのである．

（b）問題解決策の概念実証

　米国空軍の指令制御システムデザインの最初の検討は従来ラフスケッチが中心で，定量的な分析はなかった[6]．EA 以降の詳細化は情報システムの製造に該当するが，その前のビジネス要件を定めるのが SD などシミュレーションが担う領域である．システムデザインの初期フェーズで SD を使って指令制御システムの「標的探索，特定，ロックオン，戦闘，事後評価」という全体の時系列挙動が好ましいものになることを短期間（週レベル）で確認したうえで EA の整備に入っていく．このフェーズはいわば要件定義ともいえ，現実とデザインのギャップ分析を早期に効率よく行うことができる．図 3.14 のようにデザイン初期に定量的なシミュレーションを行うのである．ここでの目標はシミュレーションの完全化ではなくて，時間遷移や処理要件の迅速な決定であり，指令制御システムの解決すべき問題の概念実証である．この実証を終えて図 3.15 にあるように SD の構成要素と EA の構成要素を対応付けながら情報システムの要件を定義するのである．

（c）ビジネスモデルの PoC

　新たにビジネスモデルを検討するときに，**ビジネスモデルキャンバス**（図 3.16）が使われる．これは，「どのようにして価値を創り出し，お客様に届けるか」を 9 つの構築ブロックで記述してビジネスモデルを検討し創り出すツールである．そのビジネスモデルキャンバスに表したビジネスの持続的な収益性など，ビジネスとして成立するかどうかを**システムダイナミクス**（図 3.17）のシミュレーションでビジネスの構築前に検証（概念実証）する[7]のである．

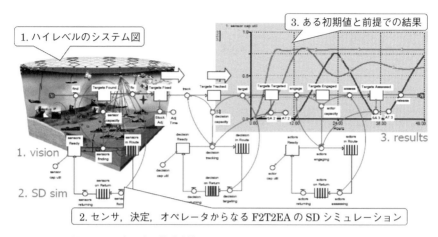

図 3.14 米国空軍指令制御システムのシミュレーションプロセス
(Corey Lofdahl：Designing Information Systems with System Dynamics A C2 example[6] を改変)

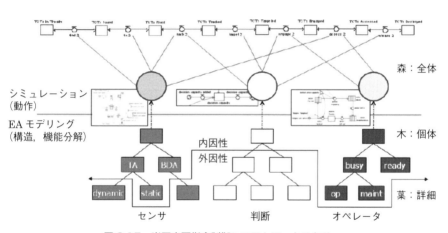

図 3.15 米国空軍指令制御システムアーキテクチャ
(Corey Lofdahl：Designing Information Systems with System Dynamics A C2 example[6] を改変)

KP（Key Partners）パートナー	KA（Key Activities）主要な活動	VP（Value Propositions）価値提案	CR（Customer Relationships）顧客との関係	CS（Customer Segments）顧客セグメント
	KR（Key Resources）リソース		CH（Channels）チャネル	

CS（Cost Structure）コスト構造	RS（Revenue Streams）収益の流れ

図3.16　ビジネスモデルキャンバス

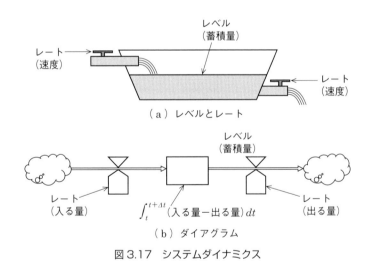

（a）レベルとレート

（b）ダイアグラム

図3.17　システムダイナミクス

4. デジタルビジネスの開発

　デジタルビジネスの開発方法論については，これといった定説はない．先に紹介したサービスデザイン思考の5原則は，新たな顧客中心のサービスを生み出して，ビジネスモデルを検討するのに適

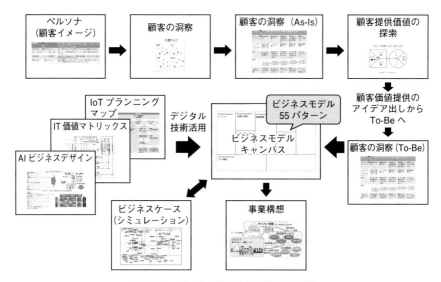

図 3.18　デジタルビジネス開発方法論[8]

している．また，ビジネスモデルの収益性や事業継続性を確認する
のにシステム思考のシステムダイナミクスでシミュレーションする
とよい．さらに，顧客価値を AI や IoT などのデジタル技術で実現
するための検討は IoT によるデータを AI や統計解析などの分析に
よって，どのような顧客価値を生み出すかを検討し，IT の生み出
す価値を顧客価値からのトップダウンとニーズからのボトムアップ
の分析などで行う．図 3.18 は，このようなデジタルビジネスの開
発方法論の例[8] である．特にデジタル技術からどのようなデジタ
ル変革（DX）を生み出して顧客価値とするかが最も難易度の高い
ところである．そのためには，虫の目，鳥の目，魚の目で見直すと
よい．すなわち視点を変えれば同じサービスを新しい仕組みで提供
することができる．例えば，スカイプ創業者によるエストニア発祥
の海外送金サービスの TransferWise（現行 Wise）は中継銀行を経
由することなく逆方向の取引で相殺して為替差の発生しない送金を
実現している．このように視点を変えて発想する方法のほか，市場
や技術など企業の内外の環境変化の微弱な兆候をいち早く発見して
サービスの非線形なシフトを生み出していく方法などが提案されて
いる[9]．

DX：Digital
Transformation

第 4 章

I E

IE（Information Engineering）は，James Martin が 1980 年代の中頃から提唱していた概念で「企業または企業の複数部門にまたがる情報システムを，計画・分析・設計・構築するために一連の精巧な開発技法を体系的に組み合わせて適用すること」[1] と定義されている．本章では，IE の 3 つの基本構成要素であるデータ，アクティビティ，相互作用について学び，分析段階におけるモデリングの方法を教務情報システムの事例を用いて学ぶ．さらに，情報システムの開発方法の補考として，システム開発方法の大きな潮流の変化についてまとめる．

情報システム：
Information
Systems

計画：planning

分析：analysis

設計：design

構築：
construction

■4.1　IE の基本的な考え方

システムズアプローチ：systems approach

分割：divide

導く：conquer

（a）分割と統合（システムズアプローチ）

　複雑で大きな問題を扱うときには，理解し解決できる粒度のサイズに問題を小さく分割する．それぞれ分割された小さな問題の解決策が見い出されたならば，それらを再構成することで全体の解決策に導く．例えば，IE では開発プロセスを計画・分析・設計・構築に分割している（図 4.1）．

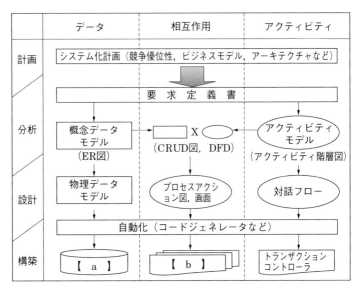

図 4.1　 IE における情報の流れ

(b) データとアクティビティのバランス

　　データモデルからアクティビティモデルを検証すると同時に，アクティビティモデルからもデータモデルを確認することで，より洗練された IE モデリングが行える．

IE モデリング：
IE modeling

(c) 体系的な開発技法の活用

　　従来のソフトウェア工学で個別に用いられてきた開発技法（ER 図（エンティティ関連図），データフロー図など）を体系的に組み合わせ，コードの自動生成など開発生産性の向上を実現した開発方法論である．

リポジトリ：
repository

(d) リポジトリによる開発情報の一元管理

　　各開発段階の開発情報をリポジトリに蓄積し，情報の一貫性，完全性を保持する開発方法論である．

■4.2　モデル構築の基本要素

データ：data

アクティビティ：
activity

相互作用：
interaction tasks

データモデル：
data models

　IE は，企業全体のビジネスを図式化し，ビジネスモデルとして表現する．モデルは，**データ**，**アクティビティ**，**相互作用**の 3 つの基本要素から構成される（図 **4.1**）．

　データの要素は，分析段階では ER 図を用いて**データモデル**として表現され，エンティティ詳細記述や物理データモデルの設計を経て，最終的な成果物としてデータベースとなる．

アクティビティモ
デル：activity
models

　アクティビティの要素は，分析段階ではアクティビティ階層図を用いて**アクティビティモデル**として表現される．アクティビティに必要なプロセスを分析することによって，プロセスの階層構造からなるアクティビティ階層図が作られる．機能ごとにプロセス間の移動を制御する対話フローの設計を経て，最終的な成果物としてトランザクションコントローラ（プログラムコード）が生成される．

エンティティプロ
セス相関図：
CRUD 図

データフロー図：
DFD

　相互作用では，データとアクティビティが相互に作用する様子をエンティティプロセス相関図やデータフロー図で表現する．設計段階では，これらを詳細化したプロセスアクション図や画面設計を経て，最終的な成果物であるプログラムコードが生成される．

コードジェネレー
タ：code
generators

　図 **4.1** に示しているように，IE では計画・分析・設計・構築のライフサイクルから構成されている．構築段階が**コードジェネレータ**などにより自動プログラミング化されているので分析段階の要求定義とモデリングが重要である．

　【 **演習** 】図 4.1 の【　a　】，【　b　】を埋めなさい．
　《 **解答** 】【　a　】データベース　　【　b　】プログラムコード

■4.3　教務情報システムの分析

　要求定義は，システム化の対象領域における現状分析，競争優位性を明らかにするビジネス環境分析，そしてそれらをシステム化するために必要と思われる情報技術を洗い出すシステム化テクノロジ

分析を踏まえて作成される．ここでは「大学における学生の履修登録事務に関わる業務を対象として，現状分析，ビジネス環境分析，システム化テクノロジ分析を行い，要求定義書を作成せよ」という例題で要求定義書（図 4.2）が作成されたものとしてモデリングを行う．

（1）学生は履修したい科目を登録する．

（2）科目登録時には，学籍番号，年次など該当科目の登録が妥当かどうかチェックする．

（3）登録内容に誤りがあれば，登録内容の修正，取消しが一定期間内に限って行える．

（4）教員は，試験・レポートなどの成績を登録する．あわせて，修正も行える．

（5）学生は，自分の成績を照会することができる．

図 4.2　教務情報システムの要求定義書（例）

IE におけるモデルの基本構成要素であるデータ，アクティビティ，相互作用ごとに作成してみよう．まず，データ部分は，概念データモデルとなる ER 図とエンティティ詳細記述である．

（a）データモデリング

教務情報システムの要求定義書（図 4.2）に基づき ER 図を作成してみよう．手順としては次の点に留意する．

（1）要求定義書からエンティティを洗い出す．

（2）エンティティ間の関係を定義する．

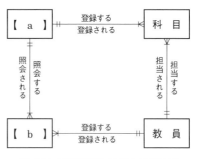

図 4.3　教務情報システムの ER 図

(3) エンティティ間のカージナリティを設定する.

(4) 要求定義書に基づきシナリオを想定し,必要なエンティティ
  が存在するか,エンティティ間の関係が適切かを検証する.

ER 図を図 4.3 に示す.

(b) アクティビティ(プロセスモデリング)

2つ目の構成要素であるアクティビティは,システム化対象業務
をプロセスの視点から分析する.例えば,銀行 ATM 業務では残高
照会,引出し,預入れ,振込,通帳記入などが日常生活の中で当た
り前のように操作されているが,プロセスの切り分け方はシステム
を実際利用しやすくするためにデータと並んで重要な視点である.
プロセスの構成は,アクティビティ階層図として表現される.

教務情報システムの要求定義書に基づき,アクティビティ階層図
を作成してみよう.作成時には次の点に留意する.

(1) 要求定義書からプロセスを洗い出す.

(2) プロセスを分解する(基本プロセス).

(3) 基本プロセスをグルーピングし階層化する.

(4) 要求定義書に基づきシナリオを想定し,必要なプロセスが
  存在するか,階層関係が適切かを検証する.

アクティビティ階層図を図 4.4 に示す.

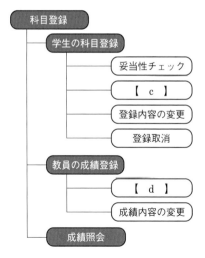

図 4.4　教務情報システムのアクティビティ階層図

(c) データとプロセスの相互作用

　3 つ目の構成要素は相互作用である．データとアクティビティの相互作用を表現するためにエンティティプロセス相関図（CRUD 図）とデータフロー図（DFD）がある．CRUD 図は，各プロセスを実行するときに，どのデータをどのように処理（Create：作成，Read：読取り，Update：更新，Delete：削除）するのかをマトリックス形式に整理したものである．

　教務情報システムのアクティビティ階層図と ER 図に基づいて CRUD 図を作成してみよう．作成時には次の点に留意する．

　(1) 横軸にプロセスを設定する（アクティビティ階層図から）．

　(2) 縦軸にデータを設定する（ER 図から）．

　(3) マトリックス上に CRUD を定義する．

　CRUD 図を図 4.5 に示す．

プロセス／エンティティ	妥当性チェック	履修科目の登録	登録内容の変更	登録取消	成績の登録	成績内容の変更	成績照会
学　生	R	R	R	R	R	R	R
科　目	R	R	R	R	R	R	R
教　員					R	R	
成　績	R	C	U	D	U	U	R

図 4.5　教務情報システムの CRUD 図
(C：作成，R：読取り，U：更新，D：削除)

　次に，教務情報システムのアクティビティ階層図に基づいてデータフロー図を作成してみよう．作成時には次の点に留意する．

　(1) 上位のプロセスから下位のプロセスへ詳細化する．

　(2) プロセスごとに入出力データを明確にする．

　(3) ER 図と関連付ける．

　(4) アクティビティ階層図，ER 図，CRUD 図との整合性を検証する．

　ここでは，最上位のデータフロー図を図 4.6 に示す．

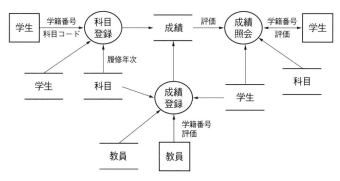

図 4.6　教務情報システムのデータフロー図

【 **演習** 】図 4.3 と図 4.4 の【　a　】〜【　d　】を埋めなさい.
《 **解答** 》【　a　】学生　　　　　　　【　b　】成績
　　　　　　【　c　】履修科目の登録　　【　d　】成績の登録

4.4　開発方法論としての補考

（a）システム化計画段階での競争優位性の明確化

　企業などの経営戦略の実現手段としてミッションクリティカルな
情報システムの開発を考えるとき，経営者の視点から現状の問題点
と，その解決策の中に競争優位性[2)] が何かを明らかにしておく必
要がある.そして，その計画が経営会議等の最高意思決定機関で採
択されて，「計画・分析・設計」の流れがスタートする.ここでは，
競争優位性発見の方法について 1 つの例を図 4.7 に示す*.

競争優位性：
competitive
advantage

*例えば文献 3)，
4).

　・業務領域の選択では，さまざまな業務領域の中から経営上最も
　　優先順位の高いものを選択する.
　・現状分析では，その業務領域における現在の問題点を明らかに
　　し，「あるべき姿（To-Be モデル 1）」を描く.
　・ビジネス環境分析では，対象としている業務領域の先進的な事
　　例からベストプラクティスを把握し，「あるべき姿（To-Be モ
　　デル 2）」を描く.
　・適切な情報技術の分析では，システムアーキテクトの仕事であ

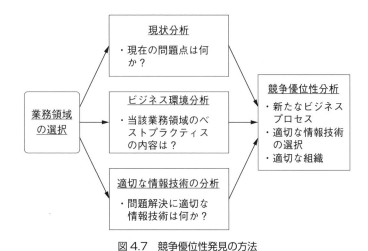

図 4.7　競争優位性発見の方法

るが「あるべき姿（To-Be モデル）」を実現するために関連する情報技術を明らかにする.

・競争優位性分析では，2 つの「あるべき姿（To-Be モデル 1, 2）」から「新たなビジネスプロセス」を見い出し，それを実現するための情報技術を選択する. 現状の組織を適切なものに変えることもある.

(b) システム化計画および分析段階での JAD の活用

システム化計画および分析段階で「要求定義書」が作成されるが，ここでの誤りを防ぐ手法として JAD がある.

JAD：Joint Application Design

ユーザ（サブジェクトマターエキスパート）とシステム開発担当者任せで誤りに気付かないことを防ぐ. JAD の参加メンバは，**担当役員，ユーザ**（key person），**JAD リーダ**，システムアナリスト（開発担当者），書記，**アドバイザ，プロジェクトマネージャ**などで職場から離れた合宿形式（例えば 3 日程度）で行われる.

・担当役員が加わることでシステム開発に経営がコミットしていること，そのため**真のユーザニーズを把握しているユーザ**（key person）**が参加する**.

・グループダイナミックスの活用により個人ワークより成果物の品質が高まる.

（c）システム開発方法の選択

　情報技術の進展により，システム開発方法や形態も進化しており，その潮流の変化を理解しておくことが情報システムの計画段階で求められる．

　コンピュータが最初に企業に導入されたのは 1954 年に米国 GE 社テネシー州ルイビルの工場で給与計算のシステムが開発されたことである．開発方法は，スクラッチ開発，再利用の資源もなくゼロからの開発で，「**make（作る）**」時代の始まりである．1990 年代後半から企業の基幹業務（受注・販売管理，在庫管理，生産管理，財務管理など）を統合したソフトウェアパッケージである ERP（統合業務パッケージ）が開発され，ERP を「**buy（買う）**」時代が始まった．そして 2000 年代の後半頃から，「インターネットを通じて，巨大な IT リソース（CPU，ストレージ，アプリケーションソフトウェア）を提供，利用するクラウドコンピューティング」を「**use（使う）**」ことも可能な時代になっている（図 4.8）.

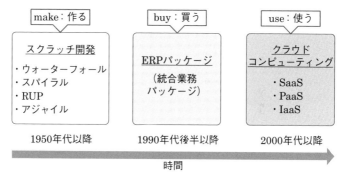

図 4.8 「システム開発と利用」の潮流の変化

　情報システムの開発を計画する段階で，開発対象の業務内容が，その企業の競争優位性を実現するもの，グローバルスタンダードなビジネスロジック（例えば，国際会計基準に対応した会計）に対応するもの，早期に低コスト（例えば，サービス提供企業の SaaS を利用して顧客管理機能を使う）で対応したいものなどによって make，buy，use の比較，分析，選択が求められる（図 4.9）.

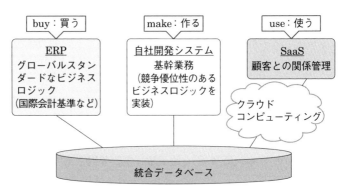

図 4.9　情報システムの開発例（「作る，買う，使う」の組合せ）

第5章

アジャイル開発

　要求の不確実性に対応するためのプロダクト開発手法として普及してきているものがアジャイル開発である．本章では，要求の不確実性に対応するための基本となる考え方としてリーン・スタートアップのサイクルをまず述べ，続いてアジャイル開発において用いられるユーザーストーリーなどの要求の表現を解説する．次に，アジャイル開発の特徴を述べ，アジャイル開発の具体的なフレームワークであるスクラムを取り上げて，その役割，成果物，イベントを概説する．最後に，アジャイル開発によるプロダクト開発を価値の考案や複数チームによる開発のサポートなどの点が補うフレームワークやテクニックを紹介する．

■5.1　要求の不確実性と仮説検証

　ビジネスのやり方を変えたり，新たなサービスやプロダクトなどを開発したりする際に，直面する共通の課題となるのが「お客様（ユーザ）が求めているものがわからない」というものである．これを「要求の不確実性」と呼ぶ．

　このような「要求の不確実性」がある状況で，価値の高いシステム，サービス，プロダクト（以降，これらをまとめてプロダクトと

呼ぶ）を開発する方法として提案されたものが図 5.1 に示すリーン・スタートアップ[1] やそれを発展させたリーン UX[2] のプロダクト開発サイクルである．このサイクルでは，以下のようなステップで仮説検証を行いながらプロダクト開発を行う．

- ・アイデアの段階では，アイデアに内包された仮説（例えば，ユーザニーズに関する仮説）を明らかにする．
- ・アイデアの仮説を検証するためにアイデアの一部を動くソフトウェアとして構築する．
- ・動くソフトウェアでユーザニーズが本当に存在するかを確かめる（計測する）．
- ・計測したデータに基づき，当初の仮説を保持するべきか破棄して別の可能性に方向転換するべきかを考える（学習する）．

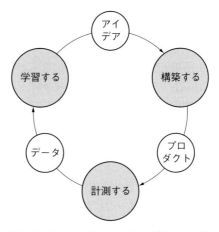

図 5.1　リーン・スタートアップのサイクル

　最後のステップで記したように，このようなプロダクト開発のサイクルでは「学習」したことによりプロダクトに対する要求が開発途上で変化し得る．また，このような開発を実現するためには，変化することを前提にし，迅速かつ頻繁に動くソフトウェアを作るための要求テクニックや開発手法が必要になる．本書では，前者を「アジャイル要求」と呼び，後者を「アジャイル開発手法」と呼ぶ．これら「アジャイル要求」と「アジャイル開発手法」を以降の節で「学生向けのサービス向上のための大学教務システムのデジタル化

（スマホ，クラウドなどの活用）」を題材として説明する．

■5.2　アジャイル要求

　前節でアジャイル要求とは「変化することを前提にし，迅速かつ頻繁に動くソフトウェアを作るための要求テクニック」であると説明した．この要求テクニックの全体像およびアジャイル開発との関係を図示したものが図 5.2 である．この図では，アイデアをビジョンとして文書化し，そこを起点にビジョンに内包される仮説とその仮説を検証するための測定が導かれ，さらにビジョンと仮説を確かめるためのソフトウェアに対する要求を考えるためのユーザーストーリーが作成される流れが描かれている．また，作成されたユーザーストーリーによりアジャイル開発により動くソフトウェアが開発され，そのソフトウェアを用いて仮説を検証するための計測が行われ，計測結果に基づいて仮説を維持するべきか，考え直すべきかを検討する（学習）ということが実行される．

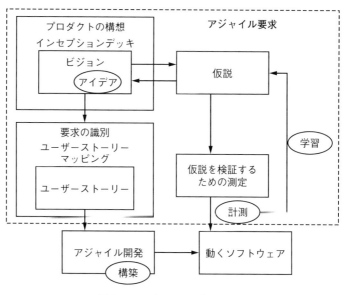

図 5.2　アジャイル要求の全体像

　以降では，大学教務システムのデジタル化を題材に，プロダクトの構想と要求の識別を中心にアジャイル要求での検討の進め方を説明する．

▍1．プロダクトの構想

　アジャイル要求を進めるうえでの起点となるのが，プロダクトの対象者，機能概要，恩恵などを記述するビジョン文書である．大学教務システムのデジタル化の例で考えれば，図 5.3 のようになる．

「学生支援デジタルサービス」
のビジョン

大学教務システムのデジタル化を行い大学生向けに以下のサービスを提供することで大学生のより充実した学生生活を支援する．
(1) 大学の講義，イベントのカレンダーをパブリッククラウドで提供し，学生個人のスケジュール管理サービスと統合できるようにする．
(2) LINE などの学生が常用するコミュニケーションツールで連絡や問合せができるようにする．

図 5.3　ビジョンの例

　このようなビジョンの記述はアジャイル開発以前から行われてきたが，アジャイル開発ではこのようなビジョンを含むプロダクト開発の全体の企画を軽量に記述するためのインセプションデッキ[3]というテクニックがよく用いられる．インセプションデッキを構成する項目を示したものが表 5.1 である．インセプションデッキの「我々はなぜここにいるのか」，「エレベーターピッチ」，「パッケージデザイン」などの項目がビジョンに対応する．また，「やらないことリスト」は開発依頼者の期待が過大にならないようにするために有効であり，可能であればビジョンに「やらないことリスト」を明示することが望ましい．

　これ以降では，図 5.3 の大学教務システムのデジタル化のビジョン（1）のカレンダー機能を用いて，アジャイル要求の残りのステ

表5.1 インセプションデッキの検討項目

検討項目	説　明
我々はなぜここにいるのか	今回の開発の目的を記述する
エレベーターピッチ（を作る）	今回の開発の必要性を短時間でアピールする説明を考える
パッケージデザイン（を作る）	今回の開発でできるプロダクトの特徴を記したパッケージをデザインする
やらないことリスト（を作る）	今回の開発の範囲外のことを明確にする
「ご近所さん」を探せ	今回の開発の利害関係者を洗い出す
解決案を描く	今回の開発で適用するアーキテクチャ案を策定する
夜も眠れない問題（とは何だろうか）	今回の開発に潜むリスクを明確にする
期間を見極める	今回の開発の所要期間を見積もる
何を諦めるかをはっきりさせる	今回の開発におけるスコープ，予算，時間，品質の優先順位（トレードオフ）を明らかにする
何がどれだけ必要なのか	どのようなメンバや予算が必要かを示す

ップとアジャイル開発を説明する．

2. 仮説と測定

　ビジョンを記述した後に行うべきことは，記述したビジョンに含まれる仮説を明確にするということである．大学教務システムのカレンダー機能の例で考えると，以下のような仮説が含まれていると考えられる．

　（1）学生は，講義のスケジュールとそれ以外のスケジュールの調整を頻繁に行っており，そのような調整を簡単に行う手段を求めている．

　（2）学生は，スマートフォンのようなスマートデバイスで自分のスケジュールを行うことが多い．

　このうち（2）についてはアンケート調査を行うことで仮説を検証することができるだろうが，（1）については学生に限定された機能のプロダクトを使ってもらって仮説の検証を行う必要があるだ

ろう．後者のように，実際にニーズが存在することを確かめるために作成する最低限の機能のプロダクトを MVP と呼ぶ．

　大学教務システムのカレンダー機能の例で MVP を考えると，まず特定のクラスの講義のスケジュールをパブリッククラウドのカレンダーに出力するという機能だけをもった MVP を考えることができる．

　検証すべき仮説や MVP が明らかになったら，次に仮説の妥当性を確かめるための計測を考える．大学教務システムのカレンダー機能の例で考えると，以下のような測定方法が考えられる．

　・特定のクラスの学生 10 名ほどに協力を求めて MVP を使ってもらい，そのプロダクトに対する評価をネットプロモータスコアの形でフィードバックしてもらう．

　「ネットプロモータスコア」とは，そのプロダクトを他の人に勧めるかどうかの度合いを 10 段階で記入してもらう評価方法である．また，同時に可能であれば，協力者が実際に MVP をどの程度利用したかを記録する機能を MVP に作り込んでその利用記録も入手するなどの方法も併用するとよい．

■3. ユーザーストーリー

　ユーザーストーリーとは，XP[4] というアジャイル開発手法で Kent Beck により提案された要求表現である．ユーザーストーリーは，XP で開発チームと同席する顧客によりプロダクトに関する要望を情報カードのような紙のカードに簡潔に記述するものであった．提案された当初は，ユーザーストーリーの記述形式は定まっていなかったが，2001 年頃に XP のコミュニティで以下の 3 つの部分からなるユーザの声形式のユーザーストーリーが提案された．

　・「役割」として
　・「機能」ができる
　・それにより「価値」がもたらされる

　大学教務システムのデジタル化のカレンダー機能の例に対するユーザの声形式のユーザーストーリーの記述例を図 5.4 に示す．この例では，役割は「教務係」，機能は「クラス配当の講義をカレンダーに登録」，価値は「学生が自分のデバイスで講義スケジュールを

教務係として，クラス配当の
講義をカレンダーに登録でき
る．それにより，学生が自分
のデバイスで講義スケジュー
ルを確認できる．

図5.4　ユーザーストーリーの例

確認できる」である．価値は，より抽象化すると「利便性」や「充実した学生生活」になる．

　このユーザーストーリーは，多くの文言で記述する従来の要求文書あるいは要求仕様書よりも簡潔であり，ユーザや開発依頼者が自らの要望を簡単に記述することができる点が長所である．その一方で，このカードに書かれた文言から開発すべき内容を開発チームが理解することが困難だった．

　そこで，具体的に開発する内容について開発依頼者と開発チームとの間の合意形成を促すために，XPの中心人物のもう1人であるRon Jeffriesが以下の3C（カード，会話，確認）に基づいて検討を進める方法を提案した．

- ・カード（Card）：1枚の情報カードにユーザーストーリーを書き記す．
- ・会話（Conversation）：カードは，ユーザーストーリーの詳細を開発依頼者と開発チームがさらに話し合う約束を表す．
- ・確認（Confirmation）：カードに記されたユーザーストーリーが完了したかどうかの判断のための受入基準を設定する．

　しかし，3Cに従ってもユーザーストーリーを個別に考えた場合，以下のような状態に陥る危険性が残った．

- ・プロダクトを使ううえで本来的になければならないユーザーストーリーの抜けに気付かずに開発を進めてしまう．
- ・細かい粒度のユーザーストーリーを多数識別すればするほど，それらのユーザーストーリーの価値も細分化され，全体としてどんな価値を提供しようとしているかが不明確になったり，ユーザーストーリーの優先順位付けが困難になったりする．

▌4. ユーザーストーリーマッピング

　前節に記したユーザーストーリーの危険性に対する解決策となり得るのが，Jeff Patton により提案された**ユーザーストーリーマッピング**[5] である．

　ユーザーストーリーマッピングは，プロダクトを使うさまざまなユーザがプロダクトを使って行うことを時間の流れと重要度の2軸に沿って識別したり，整理したりするテクニックである．ユーザがプロダクトを使って行うことは，アクティビティという大きな分類とそのアクティビティを実行するために必要な個別の機能（ユーザータスク*）に分解あるいは集約される．

*これを「ユーザーストーリー」の一種と捉えてもよい．

　大学教務システムのデジタル化のカレンダー機能に対するユーザーストーリーマッピングの実施例を図 5.5 に示す．この図において，1番上の行に並んだ矩形はプロダクトの利用者の役割（ロール）を表し，上から 2 番目の行に並んだ矩形はアクティビティを表し，

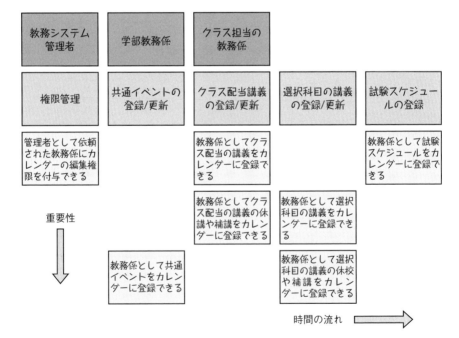

図 5.5　ユーザーストーリーマッピングの例

上から3番目の行以下に並んだ矩形がユーザータスクを表す．これらのロール，アクティビティ，ユーザータスクは，水平方向の時間の流れに沿って識別される．識別されたユーザータスクは，最も重要度が高い必須なものを上から3行目に置き，4行目以下に上から重要度の順番に並べる．

ユーザーストーリーマッピングの利点は，以下のとおりである．

- ・ユーザが大きなレベルで行いたいことをアクティビティとして大局的に把握できる．
- ・比較的ユーザータスクの粒度が揃いやすい．
- ・時間の流れに基づいて考えるために，アクティビティやユーザータスクの抜けに気付きやすい．

ユーザーストーリーマッピングにより識別したユーザータスクは，ユーザーストーリーあるいは後の節で説明するプロダクトバックログ項目として用いることでアジャイル開発につなげることができる．

■5.3 アジャイル開発

本節以降は，アジャイル要求の結果に基づいて動くソフトウェアを作るために用いるアジャイル開発の特徴および世界的に最も普及しているアジャイル開発のフレームワークである**スクラム**[6] を概説する．

1990年代の後半に，顧客と開発者との密な協力に基づいて顧客に役立つソフトウェアを開発することを目指すXPやスクラムなどの複数のアジャイル開発手法が登場した．これらのアジャイル開発手法の提案者は2001年に集まり，アジャイル宣言[7] を起草し，アジャイル開発の共通の価値と原則を定めた．このアジャイル宣言の原則[8] はアジャイル開発を進めるためのより具体的な心構えを述べており，技術者を含むプロジェクトの利害関係者がアジャイル開発を理解するための助けになる．この原則に述べられているアジャイル開発の特徴をまとめると以下の4点になる．

① 反復的な開発

② 顧客との連携

③ チームワークの重視

④ 技術的な裏付け

①は，1 週間から 1 か月程度の一定の周期で動くソフトウェアを作るという形で開発を進めるということである．この動くソフトウェアを作る 1 回の周期のことを「反復」と呼ぶ．①については，反復の期間が固定であることを強調する「タイムボックス」という言葉で表現することもある．

②は，顧客と連携して顧客のビジネスの成功につながるソフトウェアを作るということである．顧客がソフトウェアに求めることは，顧客を取り巻く状況の変化などにより開発途上で変化し得る．このような変化を反復単位で顧客からのフィードバックを受け，計画に取り込むことで，顧客のビジネスの成功につながるソフトウェアの開発を行うことができる．

③は，開発チームのメンバの自律性や直接的なコミュニケーションを重視したチームの運営を行うことである．開発チームのメンバの自律性という点では，従来のような縦割りで計画や作業の割当てを行い，メンバが与えられた計画や割当てを行うというのではなく，開発チームのメンバ間の話し合いで計画や作業の割当てを決める必要がある．このように自律性を尊重することで，開発メンバのモチベーションが高まり，よりよい仕事のやり方を考える改善マインドが生まれる．

④は，要求の変化の結果としてソースコードの変更が発生するが，そのソースコードの変更のコストをなるべく抑えるような技術的な工夫（プラクティス）を講じるということである．アジャイル開発で広く使われている技術的なプラクティスとしては，以下のようなものがある．

TDD : Test Driven Development

・**テスト駆動開発（TDD）**：プログラムコードを書くときに，そのコードを検証するための単体テストコードを先に書き，そのテストコードに合格するようにプログラムの本体コードを書く（テストファースト）．作成された単体テストコードにより回帰テストが自動化されるため，以降の開発でコードの変更や改良

を安全かつ低コストで行うことができる．

- **リファクタリング**：既に書いたプログラムコードの機能を保ったまま，プログラムコードの品質を高めるための改良を行うこと．コードを改良することで，1か所のコードの変更が多くの箇所に波及しないようにする．

CI：Continuous Integration

- **継続的なインテグレーション**（CI）：各開発者が開発した本体コードとテストコードが蓄積された構成管理ツール内のコードを自動的にビルドし，テストコードを自動実行し，それらの結果を開発メンバに通知するというもの．このような環境を構築することで，コード状態を全員で共有し，不具合を起こすような変更を加えた場合に，それをすばやく検出し，低いコストでコードを修正することができるようになる．

これらのプラクティスにより，加えたプログラムコードの変更による不具合（デグレード）の発生をすぐに検知したり，プログラムコードの変更が広範に波及しないようにプログラムコードの品質を高めたりすることが可能になる．このような不具合の迅速な検出やプログラムコードの品質向上によりソースコードの変更コストを削減することができる．

最近普及しつつある技術プラクティスとしてモブプログラミングというものがある．これは，1つのスクリーンとキーボードを複数人のエンジニアで共有しながら開発を行うものである．複数のエンジニアでスクリーンやキーボードを共有することで，複数の異なる人たちの観点や知識を用いてより効率的に開発ができたり，エンジニア間で相互学習や知識の伝達を行うことができる．

▌1. スクラムの概要

スクラムは，Ken Schwaber，Jeff Sutherland，Mike Beedle によって考案されたアジャイル開発手法である．スクラムという開発方法論の名称は，ラグビーのスクラムにちなんで名付けられた．スクラムは，野中郁次郎氏らが 1980 年代に日本の製造メーカの新製品開発において欧米のメーカを凌駕した要因の研究をまとめた "The New New Product Development Game"[9] などに触発され，Schwaber らがいくつかの失敗プロジェクトを立て直す経験を通じ

て生み出されたものである.

　スクラムは,　プロジェクト管理的な作業に特化しているため,
XP や統一プロセス(UP)など設計,　実装,　テストの実践形態を
規定しているさまざまな反復的な開発手法と組み合わせやすい開発
手法である.　スクラムでは,　1〜4 週間のサイクルでソフトウェア
を作りながら開発を進める.　図 5.6 は,　スクラムによる開発の流れ
を示したものである.

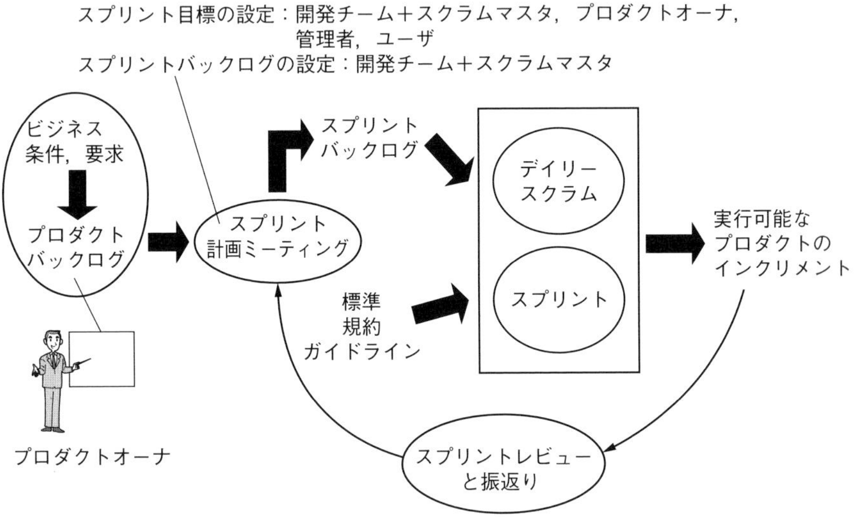

スプリント目標の設定:開発チーム＋スクラムマスタ,　プロダクトオーナ,
　　　　　　　　　　　管理者,　ユーザ
スプリントバックログの設定:開発チーム＋スクラムマスタ

図 5.6　スクラムの開発の流れ

　図中の用語の意味は以下のとおりである.

・**プロダクトバックログ**:開発対象のソフトウェアに対する要求
　のバックログ

・**スプリント**:1〜4 週間サイクルの反復

・**スプリント計画ミーティング**:スプリントの開発目標(スプリ
　ント目標)とスプリントバックログを設定するミーティング

・**スプリントバックログ**:スプリント目標の達成に必要なタスク
　のリスト

・**デイリースクラム**:日ごとの進捗確認ミーティング

・**実行可能なプロダクトのインクリメント**：スプリントの結果と
して作成される実行可能なソフトウェア
・**スプリントレビュー**：スプリントの結果のデモや報告
・**スプリント振返り**：今回のスプリントの過程の振返り

図5.6に示されている標準，規約，ガイドラインは，開発組織に
おいて守ることが求められている標準，規約，ガイドラインを意味
する．

スクラムでは，開発は以下のようなステップで進行する．

① ソフトウェアに要求される機能とその優先度を，プロダクト
バックログとして定める．

② プロダクトバックログからスプリントで実装するべき目標
（スプリント目標）を選択する．

③ スプリント目標をより詳細なタスクに分解したスプリントバ
ックログを作成し，タスクの割当てを行う．

④ スプリントの間，毎日決まった場所および時間で開発メンバ
が参加するミーティング（デイリースクラム）を開催する．

⑤ 1回のスプリントが終了すると，スプリントレビューミーティ
ングを開催し，作成されたソフトウェアを評価する．

⑥ スプリントレビューミーティング後に，そのスプリントの振
返りを行い，次のスプリントでの改善策を考える．

⑦ 次回のスプリントに備えて，プロダクトバックログの内容と
優先度の見直しを行う．

図5.6のスプリント計画ミーティングは，2，3の2ステップで
実行される．

スクラムでは，一般の開発メンバに加えて以下の2つの管理的
な役割が定義されている．

・**プロダクトオーナ（PO）**：プロダクトバックログを定義し，
優先順位を決める人
・**スクラムマスタ（SM）**：プロジェクトが円滑に進むように手
助けする人

スクラムマスタの主たる任務は，通常のプロジェクト管理者のよ
うに開発者への作業の割当て，計画策定，進捗管理などを行うこと
ではなく，開発を阻害するさまざまな障害を解決することである．

　以降，スクラムを構成する「プロダクトバックログとスプリント計画」「デイリースクラム」「スプリントレビューと振返り」についてさらに説明する．

▌2.　プロダクトバックログとスプリント計画

　本項では，プロダクトバックログ，相対見積り，スプリント計画について説明する．

　スプリント計画の入力となるのがプロダクトバックログである．表 5.2 は，大学教務システムのカレンダー機能の例におけるプロダクトバックログの例である．

表 5.2　プロダクトバックログの例

項目名	優先順位	見積り
パブリッククラウドのカレンダー機能の API の動作を検証する	1	2
教務係としてクラス配当の講義をレビュー用カレンダーに登録できる	2	8
教務係としてクラスごとの講義スケジュールをレビュー用カレンダーに生成できる	3	5
教務係としてクラスごとの講義スケジュールを本番カレンダーに生成できる	4	1
教務係としてクラス配当の講義の休講や補講をレビュー用カレンダーに登録できる	5	3
管理者として依頼された教務係にカレンダーの編集権限を付与できる	6	3
教務係として選択科目の講義をレビュー用カレンダーに登録できる	7	2
教務係として試験スケジュールをレビュー用カレンダーに登録できる	8	1

　プロダクトバックログは，スプリントにおいて開発チームに対応することを望む以下のような項目で構成される一覧表である．
　①　開発依頼者が開発を要望する機能
　②　技術的調査や検討
　③　不具合の修正

　①は，5.2節で述べた「ユーザーストーリー」や「ユーザータスク」に起因する．②は①を実現するために必要な技術的な調査や検討を開発チームから提案するものである．③は，POやテスト担当者，他のユーザが発見したプロダクトの不具合である．

　プロダクトバックログの各項目は，POにより一意に優先順位付けされており，また規模見積りがされている．このときアジャイル開発でよく使われている見積り方法が，次に説明するプランニングポーカーである．

　プランニングポーカーは，開発チームのメンバが図5.7に示されるようなカードを用いて行う相対規模見積りのテクニックである．プランニングポーカーカードに印刷された数字は，相対規模の値を示す．プランニングポーカーカードを用いた見積りの実行手順は以下のとおりである．

図5.7　プランニングポーカーカード

　①　プランニングポーカーカード一式を開発チームの各メンバに配る．
　②　プロダクトバックログ項目の中で最も小さなものを規模1または2とする．
　③　プロダクトバックログ項目を1つ読み上げる．
　④　読み上げたバックログの項目の大きさに相当するカードを各メンバがいっせいに出す．

⑤　メンバ間で見積りの値が一致しない場合，最も大きな数字を出した人と，最も小さな数字を出した人が，それらの数字を選んだ理由を説明する．

⑥　見積りの値が一致しない場合，④～⑤を数回程度繰り返して1つの見積りの値に合意する．

以上のようにプロダクトバックログの各項目の相対規模見積りを行うが，この方法によって得られた各項目の規模を「**ストーリーポイント**」と呼ぶ．また，スプリントごとにプロダクトバックログ項目の開発を行うが，スプリント単位で開発できたプロダクトバックログ項目のストーリーポイントの合計値をそのチームの「**ベロシティー**」と呼ぶ．

また，大学教務システムのカレンダー機能の例に基づくと，スプリント計画の進め方は次のように説明される．

先にスクラムの開発の流れで説明したように，スプリント計画は以下の2ステップで実行される．

①　プロダクトバックログからスプリントで実装するべき目標（スプリント目標）を選択する．

②　スプリント目標をより詳細なタスクに分解したスプリントバックログを作成し，タスクの割当てを行う．

①をスプリント計画第1部と呼び，②をスプリント計画第2部と呼ぶ．スプリント計画第1部は以下のようなステップで実行する．

①　プロダクトバックログの各項目の説明を PO が行い，開発チームのメンバが不明点を質問し，開発チームが質問への回答を考慮しながらそのバックログ項目の見積りを前述したプランニングポーカーで行う．

②　プロダクトバックログの各項目の見積りができたら，優先順位の高いバックログ項目から規模の合計値がベロシティーに収まる範囲をスプリント目標とする

例えば，表 5.2 に示されるプロダクトバックログで開発チームのベロシティーが 20 ポイントの場合，規模の合計値が 20 ポイントに収まる優先順位 1～5 までの項目がスプリント目標になる．

スプリント計画第2部では，スプリント目標に設定したプロダクトバックログ項目を実現するために必要なタスクを洗い出す．タ

スクは 4〜16 時間で完了可能な大きさで識別し，タスクを完了さ
せるのに必要な作業時間をタスクに記入する．スプリントで実行す
べきすべてのタスクを一覧にしたものをスプリントバックログと呼
ぶ．表 5.3 は，大学教務システムのカレンダー機能に対するスプリ
ントバックログの例を示す．

表 5.3　スプリントバックログの例

タスク	作業時間
Google カレンダーの API を調査する	4
iCloud カレンダーの API を調査する	4
Google カレンダーの API の動作を検証する	4
iCloud カレンダーの API の動作を検証する	4
科目，講義など講義スケジュールの生成に必要なデータモデルを定義する	4
科目を新規登録し，それに講義を追加する	16
クラスに科目を割り当てる	4
登録された講義のスケジュールをレビュー用 Google カレンダーに出力する	8

　スプリントバックログができたら，洗い出されたタスクの作業時
間の合計は開発チームのメンバがそのスプリントで開発作業に費や
すことができる全作業時間内に収まることを確認する．収まらない
場合は，収まるようにスプリント計画第 1 部で設定したスプリン
ト目標の範囲を削減する必要がある．スプリント目標の範囲を削減
しなければならない場合には，そのことを PO に説明し，スプリン
ト目標の変更に対する合意を得る必要がある．

3. デイリースクラム

　本項では，開発の進捗状況を共有するためのイベントであるデイ
リースクラムとそこで使われる**タスクボード**，**スプリントバーンダ
ウンチャート**を説明する．
　スプリントにおけるタスクの進捗状況を可視化するために，スプ
リント計画第 2 部で識別されたタスクは図 5.8 に示されるタスクボ
ードに貼り付けられることが多い．

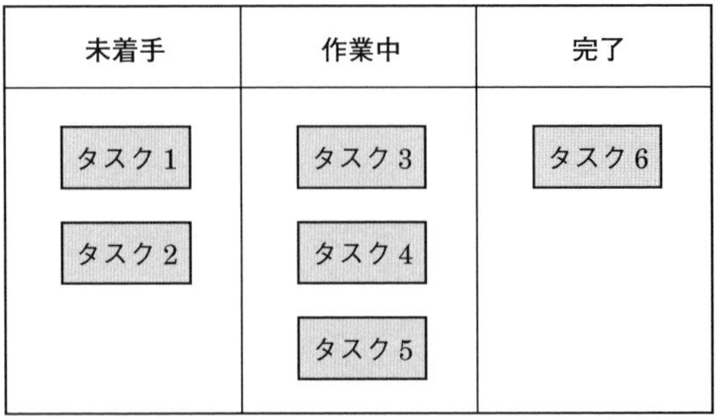

未着手	作業中	完了
タスク1	タスク3	タスク6
タスク2	タスク4	
	タスク5	

図5.8　タスクボードの例

　デイリースクラムは，スプリントの期間中に毎日決まった場所および時間に開催され，開発チームのメンバ全員が参加するミーティングである．デイリースクラムでは，開発チームの各メンバが以下の3点を報告する．

① 　前回のデイリースクラム以降の作業内容
② 　次回のデイリースクラムまでの作業予定
③ 　作業を進めるうえでの障害

　デイリースクラムで作業内容と作業予定の報告を行う際に，前述したタスクボード上でのタスクと対応させて報告したり，タスクボード上でタスクをタスクボードの状態間で動かしたりして報告することで，各メンバの報告内容の理解を深めることができる．

　また，スクラムで開発を行う場合には，図5.9に示すようなスプリントバーンダウンチャートによりスプリントの実行中に未完了のタスクの作業時間の合計（これを，残作業時間と呼ぶ）のスプリント実行中の日々の変化を可視化することが多い．図5.9において破線は理想的にタスクが進捗した場合の残作業時間の推移を示し，実線が実際の残作業時間の推移を示す．理想的な進捗よりも実線が上にあればチームの作業が全体的に遅れていることがわかり，理想的な進捗よりも実線が下にあればチームの作業が全体的に進んでいることがわかる．このように，スプリントバーンダウンチャートを作成することで，開発チームのメンバやそれ以外の人たちが，開発が計画通りに順調に進んでいるかを把握できる．

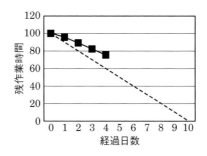

図5.9　スプリントバーンダウンチャートの例

　デイリースクラムでの各自の報告が終わった段階で，残作業時間
から完了したタスクの作業時間を差し引くことでスプリントバーン
ダウンチャートを更新することができる．

▌4.　スプリントレビューとスプリント振返り

　本項では，スプリントの最終日に実行するスプリントレビューと
スプリント振返りを説明し，さらにスプリント振返りで用いられる
KPTという振返りテクニックを紹介する．

　スプリントの最終日に，そのスプリントで開発した内容を開発チ
ームがPOやその他の利害関係者にデモなどで見せる．これをスプ
リントレビューと呼ぶ．

　スプリントレビューは，POがユーザーストーリーなどのスプリ
ント目標の項目が完了したかどうかの受入れを行うタイミングにな
り得る．ただし，このような受入れをスプリントレビューに集中さ
せず，スプリント目標の項目がデモ可能になり次第POに確認して
もらったほうがより確実に目標を達成できる．

　スプリントレビューによりスプリント計画がどの程度達成できた
のかが明らかになったら，そのスプリントの過程に対する振返りを
実施する．

　振返りのテクニックとしてよく用いられているのが，KPTとい
うものである．KPTは，Keep，Problem，Tryの頭文字を並べた
ものであり，以下の3つの観点で振返りを行うものである．

　・Keep（続けたほうがよいこと）

　・Problem（問題だったこと）

　・Try（次回試したほうがよいこと）

　KPT は，図 5.10 に示されるようなボードを使い，開発メンバが3 つの観点に該当することを付せんなどに書き出し，それをボードに貼り付けながら共有する．振返りをする順序としては，「続けたほうがよいこと」，「問題だったこと」，「次回試したほうがよいこと」の順がよいとされ，最終的には次回のスプリントで試すことを1，2 点程度合意することを目指す．

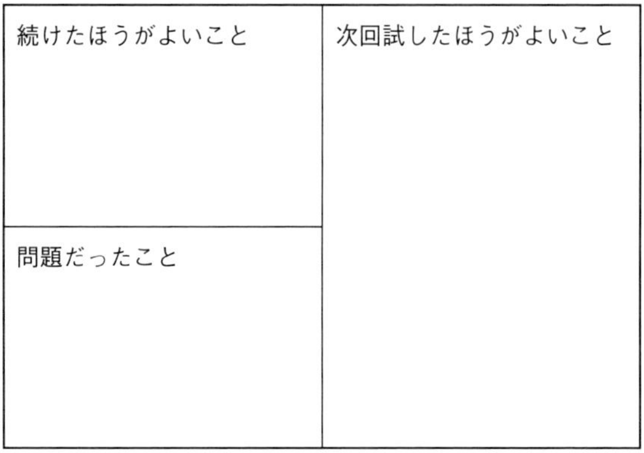

続けたほうがよいこと	次回試したほうがよいこと
問題だったこと	

図 5.10　KPT の振返りボード

5.4　その他の手法，フレームワーク，テクニック

　本章では，仮説を立案し，それを段階的に実装することで不確実なユーザや市場ニーズに検証し，価値のあるプロダクトを開発するテクニックや手法としてアジャイル要求とアジャイル開発を説明した．本章で説明したアジャイル要求やアジャイル開発は，価値を考案するテクニックについてあまり言及せず，開発部門が 1 つの開発チームの規模で実践することを想定した基本的なものに留まった．より実践的には，アジャイル要求やアジャイル開発を活用して価値のあるプロダクトを開発する際には以下のようなことも必要になってくる．

・価値を系統的に考案するためのテクニック

・複数部門や複数チームが連携した取組み

　また，クラウドサービスなどの変化がすばやく発生するようなものについては，2週間の反復では期間的に長すぎて変化に十分に対応できないことも起きる．

　これらのことに対応するためのテクニックやフレームワークをまとめたものが図**5.11**である．本図に示された**SAFe**，**DAD**，**LeSS**は，複数の開発チームや部門が連携してプロダクト開発を行うためのフレームワークである．また，**DtoD**（Discover to Deliver）はユーザーストーリーマッピングを含む，より包括的なアジャイル要求のフレームワークである．

　また，図**5.11**の「開発」のところに「時間枠型」と「フロー型」と記しているが，前者はアジャイル開発のように一定期間ごとに動くソフトウェアを作る手法を意味するのに対して後者は図**5.12**に

SAFe：Scaled Agile Framework

DAD：Disciplined Agile Delivery

LeSS：Large Scale Scrum

価値の考案	Lean UX，サービスデザイン思考		
企画の審査	SAFe のポートフォリオレベル リーンエンタープライズのポートフォリオ		
要求	ユーザーストーリーマッピング，DtoD		
開発		時間枠型	フロー型
	複数チーム	SAFe，DAD，LeSS	大規模カンバン
	単一チーム	スクラム，XP	カンバン

図5.11　価値の考案や複数部門、複数チームにスケールするためのフレームワーク

企画	要求	設計・実装・ 単体テスト	結合・ システムテスト	受入れ テスト
WIP	WIP	WIP	WIP	WIP
WIP	WIP	WIP		
WIP	WIP			

図5.12　カンバンの例

示されるように複数の開発工程にユーザーストーリーなどの比較的小さな要求を流すことで，順次小さな単位ですばやく価値を提供するものである．図 5.12 で示されるフロー型の開発手法はカンバンと呼ばれるが，これはトヨタ生産方式の「カンバン」をソフトウェアプロダクトの開発に応用したものである．カンバンの場合，各工程で引き受ける作業の固まり（＝ユーザーストーリー）を WIP と呼び，工程ごとに WIP の個数に上限を設けることで開発工程全体でのスループットを向上させることを目指す．

WIP：Work In Process

第6章
UMLによる
システム記述

　本章では，オブジェクト指向分析で用いられる統一モデリング言語UMLについての概要を述べた後，ユースケース図，クラス図，オブジェクト図，シーケンス図，コミュニケーション図，状態マシン図，アクティビティ図，コンポーネント図，配置図によって，対象システムを分析する．

■6.1　UMLの概要

　オブジェクト指向プログラミングは，1980年代に初めて注目を集めた．その後このオブジェクト指向プログラミングの考え方を，分析，設計に適用しようとする多数のオブジェクト指向分析，設計技法が1990年代前半に提案された．そこでは，それぞれ独自のモデル図を用いた．Booch法を提唱していたGrady BoochのRational社に，OMTを提唱していたJames Rumbaughが加わって．1995年10月に，統一方法論（Unified Method）バージョン0.8を発表した．OOSEを提唱していたIvar Jacobsonも加わり，1996年には統一モデリング言語UMLバージョン0.9，0.91を発表した．

　Unified MethodからUMLへの名称の変更は，方法論の統一よ

Booch法：Booch method

OMT：Object Modeling Technique

OOSE：Object-Oriented Software Engineering

UML：Unified Modeling Language

りも表記法の統一を優先したことによる．このほかの方法論でも，表記法は UML を用いるという動きが広がった．

OMG：Object
Management
Group

　UML は，OMG に対して標準の候補として提案された．1997 年 11 月に UML1.1 が OMG 標準に採用された．現在は，UML2.5 となっている．また，ISO/IEC でも標準化されている．

＊例えば，文献
1)，2) 3) など

　UML には，さまざまな図がある＊．この中で，本章では，ユースケース図，クラス図，オブジェクト図，シーケンス図，コミュニケーション図，状態マシン図，アクティビティ図，コンポーネント図，配置図の 9 種類の図を用いる．

　これらの図は，情報システムの静的側面から分析・記述するのに，ユースケース図，クラス図，オブジェクト図，コンポーネント図，配置図を使用する．動的なふるまいの分析・記述に，シーケンス図，コミュニケーション図，状態マシン図，アクティビティ図を使用する．UML の各図は，表記法についてのみ定められており，何をどのように記述するとよいのか，例えば，クラス図で何をクラスとするべきか，どうやってクラスを見つけるか，どの順序でこれらの図を使用するか，については定められていない．コンポーネント図や配置図は，最後に説明されることが多いが，多くの情報システムが存在する現状では，それらを参考にコンポーネント図，配置図を先に考え，その後，クラス図などで詳細に分析を行った後に，修正したコンポーネント図，配置図を正式版として作成するという使用方法も考えられる．

　本章では，以下の（a）〜（d）の 4 つの情報システムを例題として使用する．その機能内容を簡単に述べる．

（a）教務情報システム

　大学において，「学生は履修科目を登録し，教員はその登録された学生の成績を評価，そして学生が自分の成績を照会する」という基本的な手続きが教務情報システムの一部として存在する．必要なデータは何なのか，必要なプロセスは何なのか，そしてそのプロセスを実行するためにどのデータをどのように使用するのかを分析し，設計する．

（b）セミナ情報システム

　セミナ会社がセミナの企画からセミナの実施，資格の認定までを

行うことを支援するセミナ情報システムを開発したい．セミナ会社は，日程や講師決定，セミナ会場や遠隔講義スタジオの手配，Webによる受講者募集，セミナ開催，レポート受付，資格認定など，さまざまな業務を行う．受講者は，Webにより受講申込から，受講，レポート提出，資格認定申請などを行う．資格認定は，受講者がいくつかの関連科目を修得すると科目の種類に応じて資格を受けられる．講師は，講義依頼を受けて，セミナ講義実施，レポート課題の提示とレポート採点などを行う．この業務の中で，セミナ会社がどのような作業を行うのか，どのような手順で作業を行うのか，どのようなデータが流れているか，どのような電子的なファイルが必要であるかなどを詳しく分析し設計する．

(c) 医療情報システム

病院では，患者に対して，問診，診察，検査，治療，処方せん作成，調剤，会計という多くの段階的な処理が行われる．そこでは，さまざまな担当者（受付係，看護師，医師，薬剤師，会計係，検査技師など）が働いている．これらの人が連携して行う医療という業務を分析し，この業務を支援する医療情報システムを開発したい．この業務の中で，それぞれの担当者がどのような作業を行うのか，どのような手順で作業を行うのか，どのようなデータ（診察カード，カルテ，処方せんなど）が流れているか，どのような電子的なファイルが必要であるかなどを詳しく分析し設計する．

(d) 空調システム

空調システムに関わる人，物を把握する．また，それらの互いの関係を把握する．人，物を列挙し，それらの関係を分析し設計する．空調システムはプラントシステム，計測制御システムの一種である．人としてはこのシステムを担当する管理者と居住者があげられる．各種装置として，中央監視装置，ゾーン監視装置，空気生成制御装置，操作パネル，湿度センサ，温度センサ，ファン，冷房装置，暖房装置，加湿器，除湿器があげられる．計測制御の対象である"空気"も物としてあげておく．これらの人や物の間の情報や信号のやりとりを分析する．

■6.2　ユースケース図

■1. 書き方

システムに対する要求をいかに分析し明らかにするのかという課題に対して，オブジェクトを見つけそれらを分析・整理することで，システムのモデルを構築する．その最初にユースケース図を用いる．

ユースケース図：
use case diagram

ユースケースは使用例という意味で，使用の実例，使用の具体例を示す．システムについてユーザの視点からの分析をユースケース図という極めて単純な図的記法で行う．記述の対象とするシステムは，必ずしも情報システムとは限らない．ある業務部門など，人の集団，あるいは人と情報システムの組合せでもよい．

ユースケース図には，アクタとユースケースの2つの要素がある．

アクタ：actor

ユースケース：
use case

アクタは，システムの外部にいてそのシステムを利用するユーザを表す．一般的に人がユーザである．また，他のシステムがあるインタフェースを通じてそのシステムを利用するときには，他のシステムがアクタになってよい．アクタは，特定の人ではなくそのシステムに対する役割をもつユーザを表している．1つのアクタを演じるのは不特定多数のユーザでもよいし，1人の人が複数のアクタを演じてもよい．

ユースケースは，ユーザがシステムを使う事例であり，システムがアクタに対して提供するサービスや機能である．システム内部でどのような処理が行われるかには依存しない．あくまでもシステム外部から見たときの機能である．一般的には，1つのアクタに対して1つ以上のユースケースが存在する．細かなオペレーションの違いでユースケースを異なるものとする必要はない．機能的に異なるものは，別のユースケースとして取り上げるほうがよい．異なるアクタが1つのユースケースを共有することもあるが，初期の段階では，別のユースケースとしておくほうがよい．

図 6.1 は，ある大学の教務情報システムのユースケース図である．学生，教員，職員の3つのアクタがある．ユースケースは5つある．見かけ上は「履修登録」や「成績報告」はデータベースを更

新するが，その更新がマスタデータベースへ反映されるのは，職員
が「データベース更新」を実施した後になる．「学生用教務情報」
ならびに「教員用教務情報」にはいずれも多種多様な情報があるた
め，さらに細かくユースケースを分割すべきであるが，ここでは割
愛する．

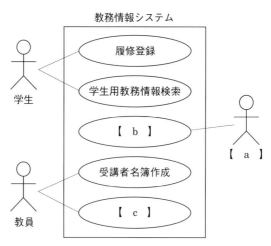

図6.1　教務情報システムのユースケース図

■2. ユースケース図によるセミナ情報システムの記述例

　ユースケースにより，ユーザがインタラクションしてシステムが
それに応答する，ユーザとシステムのバウンダリを明確にする．

バウンダリ：
boundary

　ある部門の業務（人，物，情報，装置，資源など全体を包括した
業務）を外から見て，その部門が提供するサービスという観点から
業務を明らかにしようとするときには，ユースケース図が使える．

　業務支援システムのインタラクションの種類を列挙して，システ
ムに要求する，あるいはシステムが与えてくれるサービスの種類を
決める．これによって，ユーザとシステムのバウンダリを明確にす
る．

　図6.2は，あるセミナ会社のセミナ情報システムのユースケース
図である．セミナ情報システムにどのようなアクタが要るか，ま
た，それらのアクタがどのようなユースケースを使うかを列挙して

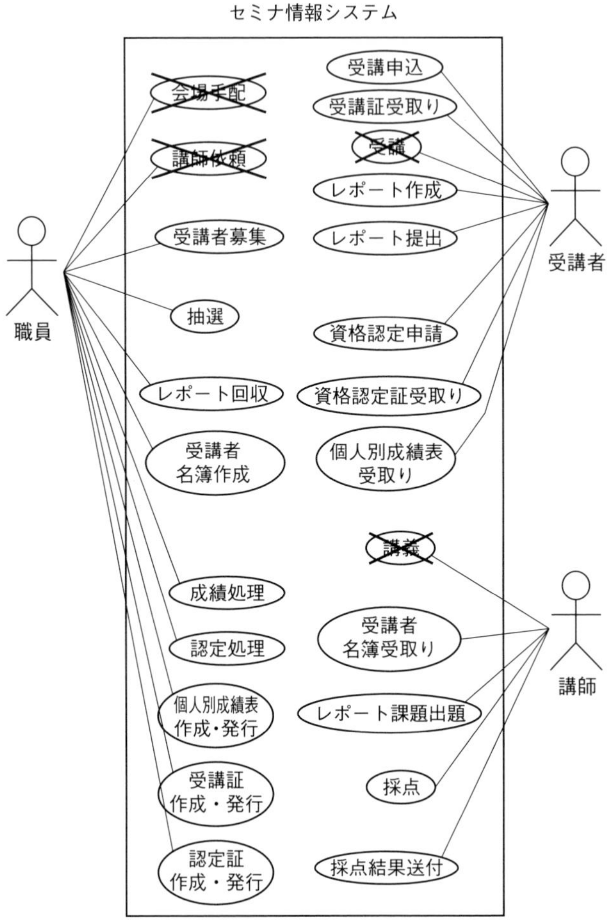

セミナ情報システム

図 6.2　セミナ情報システムのユースケース図

いくことが，ユースケース図を使ってシステムを分析するときの基本である．

　この例で，ユースケースを列挙していく過程を，計算機で支援するセミナ情報システムとしては不適当なものも列挙してみる．それらを削除することで，システムの扱うバウンダリがより明確になる．

　セミナ情報システムには，受講者，講師，職員の 3 つのアクタがいる．受講者のユースケースとして，受講申込，受講証受取り，

受講，レポート作成，レポート提出が列挙される．講師のユースケースとして，受講者名簿受取り，講義，レポート課題出題，採点，採点結果送付が列挙される．職員のユースケースとして，会場手配，講師依頼，受講者募集，抽選，受講証作成・発行，レポート回収，受講者名簿作成，成績処理，個人別成績表作成・発行，認定処理，認定証作成・発行が列挙される．

　ここで検討しなければいけないことは，セミナ情報システムとしてどこまで扱うかを明確にすることである．ネットワークで結合された遠隔教育を想定し，それを支援するためのセミナ情報システムでは，受講者の受講や講師の講義も扱う対象として列挙してもよいだろう．しかし，これらは扱う対象ではないと判断する場合には，ユースケースには入れない．図 6.2 では，対象と判断されなかったユースケースには，×の印が付けられている．このようにシステムの扱うバウンダリを定める際に，何を対象とするかを明らかにするとともに，対象としないものも認識すると分析が容易になる．

■3.　ユースケース図による医療情報システムの記述例

　図 6.3 は，医療情報システムのユースケースによる記述例である．まず，このシステムに関わる人を列挙する．医療情報システムでは，アクタとして受付係，医師，看護師，薬剤師，検査技師，会計係があげられる．受付係のユースケースは，受付処理，カルテ作成が考えられる．医師のユースケースは，診察，診察結果記入，処方せん作成である．以下同様に，看護師のユースケースとして，問診，問診結果記入，薬剤師のユースケースとして，調剤，調剤結果記入，検査技師のユースケースとして，検査，検査結果記入，会計係のユースケースとして，会計処理がそれぞれあげられる．次に，このシステムでどこまでを扱うかを検討する．このシステムでは，患者の病状，処方せんなど，紙を媒体としてやりとりされている情報を電子化して扱うところまでを支援するシステムであり，診察，問診，調剤，検査は，システム化の対象ではないとする．したがって，これらのユースケースには，×の印が付けられている．

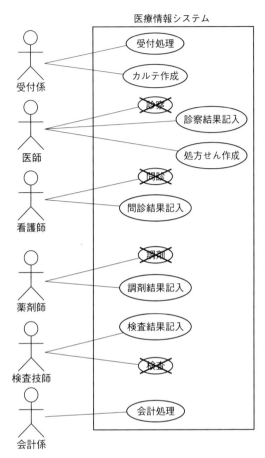

図 6.3　医療情報システムのユースケース図

【 演習 】図 6.1 の【　a　】にアクタの名称，【　b　】，【　c　】
　　　　にユースケースの名称を入れなさい．
《 解答 》【　a　】職員　　【　b　】データベース更新
　　　　　【　c　】教員用教務情報検索

6.3 クラス図

1. 書き方

クラス図：class
diagram

オブジェクト：
object

クラス：class

属性：attribute

操作：operation

継承：inheritance

関連：association

汎化：
generalization

集約：
aggregation

コンポジション集
約：composition
aggregation

クラス図は，システムの論理的，静的な構造を表す．システム内に存在するあらゆるオブジェクトをクラスとその関係として捉える．

最初のクラス図は，ユースケースを分析して抽出されたオブジェクトを出発点として構築される．その後，システムの動的なふるまいの分析などを通じて，詳細化されていく．

クラスには属性や操作があるが，それらが最初から明確に提示されるとは限らない．分析のアプローチによって，あるいはシステムの性質によって，属性あるいは操作のいずれかが先に決まることもある．クラス間の関係のうち，汎化（継承）に注意する必要がある．オブジェクト指向プログラミング言語が登場したときには，継承によるコードの再利用が注目されたが，近年は継承による再利用は適切でない場合があると考えられるようになった．したがって，継承ではなく，概念階層を示す汎化に集中すべきである．クラス図は，システムの静的な構造をクラスと関係を用いて表す．

クラスは，属性，操作および他のクラスとの関係を共有するオブジェクトを抽象化したものである．抽象的なクラス図では，クラスはクラス名しかもたないが，詳細なクラス図では，そのクラスの属性や操作が列挙される．さらに，属性の型，操作の引数と戻り値の型，属性や操作の公開/非公開など，プログラミングレベルの詳細を記述することもできる．

関係には，関連，汎化，集約などがある．関連は，オブジェクト間の一時的関係をクラス間の関係に抽象化したものである．汎化は，クラス間の親子関係を表すもので，サブクラス（子クラス）はスーパークラス（親クラス）の属性，操作，関係を引き継ぐ．集約は，あるものの全体を表すクラスと，その部分を表すクラスとの関係である．全体を表すオブジェクトと部分を表すオブジェクトのライフサイクルが一致するとき，コンポジション集約である．

図 6.4 は，教務情報システムにおける成績に関わるオブジェクトのクラス図である．学生，科目，講義，成績の4つのクラスがある．

1 つの科目に対して 12 以上の講義が開講される．ここでは科目と講義の関係を継承と捉えている．学生は講義を受講する．受講の結果として，学生の科目の成績が決まる．成績は講義に対してではなく，科目に対して決まる．1 つの科目には複数の学生の成績があり，1 人の学生には複数の科目の成績があるので，成績は学生，科目の両方と集約の関係がある．白抜きのひし形は集約を表し，白抜きの三角は継承を表す．

図 6.4　教務情報システムのクラス図（部分）

■2. クラス図によるセミナ情報システムの記述例

　図 6.5 は，クラス図によるセミナ情報システムの記述例を示す．まず，このシステムの主要な構成要素をクラスとして列挙する．セミナ情報システムは，受講者，講師，職員に対してサービスを提供するものである．まず，受講者，講師，職員があげられる．また，主に科目を扱うので開催科目クラスがあり，修得した科目によって資格の認定を行うことができるため，資格クラスが列挙される．そして，科目を開催するために使用する会場と，講師が講義を行うスタジオのクラスが列挙される．

　次にセミナ情報システムでやりとりされる書類として，受講申込書，受講証，個人別成績表，資格認定申請書，資格認定証，科目レポート課題，レポート，科目別受講者名簿，科目別成績表のクラスがあげられる．次に，これらの書類に書くべき項目を詳しく列挙する．科目別成績表，個人別成績表は，複数の受講者あるいは科目の成績の集まったものであるので，一つひとつの成績を表す成績明細クラスが存在する．また，科目受講を申し込むとき，申込者多数の場合，抽選が行われることで受講者を決定する．そのため，受講できる人と開催科目，受講者名簿，成績明細を関連付ける受講申込クラスがある．そしてクラス間のアクセスを考え，メソッドと関連を

メソッド：
method

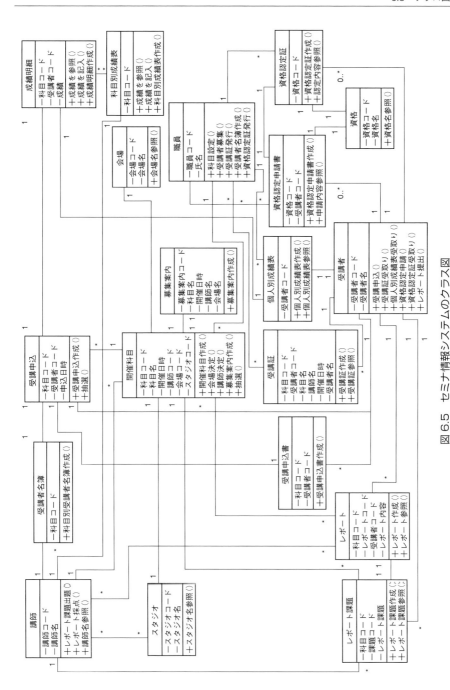

図 6.5 セミナ情報システムのクラス図

記述する．受講者クラス，講師クラス，職員クラスには，受講者，講師，職員のためのメソッドを記述する．ここで対象としているシステムは，講師，受講者，職員は端末を介して，受講申込やレポートの出題などを行うことができる．したがって，これらのメソッドは，それぞれの端末上で利用される．

　関連は，例えば，受講者と科目受講申込書クラスの間では，受講者が科目受講申込を行うとき科目受講申込書を作成するので関連がある．1人の受講者は，複数の科目を受講申込することも可能であるため，1：多の関連がある．

■3.　クラス図による医療情報システムの記述例

　図 6.6 は，医療情報システムのクラス図による記述例である．まず，このシステムの主要な構成要素をクラスとして列挙する．医療情報システムは，患者と医師など，病院関係者に対してサービスを提供するものであるので，まず，患者，医師，受付係，看護師，薬剤師，検査技師，会計係が列挙される．また，やりとりされる書類として，カルテ，処方せん，診察カードが列挙される．次に，これらの書類に書くべき項目を詳しく列挙する．そしてクラス間のアクセスを考え，メソッドと関連を記述する．患者，医師，受付係，看護師，薬剤師，検査技師，会計係の各クラスには，それぞれの人のためのメソッドを記述する．患者は，直接医療情報システムに関わることはなく，患者が起動するメソッドはない．患者作成のメソッドは，実際には受付係が起動する．カルテや診察カードのメソッドは，医者，看護師など他のクラスのメソッドによって呼び出される．このメソッドは，主に，オブジェクトを作り出したり，属性を参照したり，変更したりするものである．医師，看護師などのクラスは，ほとんどカルテに記入することが多いので，これらのクラス間に関連がある．

　このシステムでは，看護師や医師を1人としており，カルテの数 N との間には，1：N の関連がある．医師が複数の場合には，M：N の関連になる．M は医師の数，N はカルテの数でそれぞれ複数であることを表す．

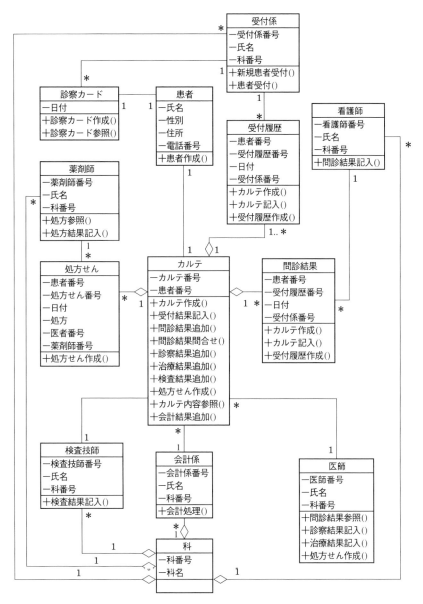

図 6.6　医療情報システムのクラス図

■6.4　オブジェクト図

■1．書き方

オブジェクト図：
object diagram

　クラス図がシステムの一般的な構造を表すのに対して，**オブジェクト図**は，ある時点における個別の具体的なシステムの構造を表す．

　システムがユースケースを実現することができるかどうかを検証するために，具体的なシナリオを準備し，オブジェクト図上でデータや処理の流れを追跡する．クラス図におけるクラス間の関連をチェックするために，オブジェクト図で，複数のオブジェクトとそれらの間の**リンク**で示し，より具体的に関連の妥当性のチェックする．

リンク：link

インスタンス：
instance

　オブジェクト図は，クラス図のある1つの**インスタンス**を示す．インスタンスは実例，具体例と考えればよい．具体的なオブジェクトとその相互関係を例示することで，システムの静的な構造の理解を助ける．

　図6.7は，図6.4のクラス図に対応するオブジェクト図を示している．ある1人の学生が，「プログラミング」と「データ構造」の2科目の単位を取得し，「データベース理論」の講義を受講している．

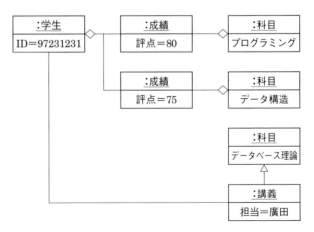

図6.7　教務情報システムのオブジェクト図の一例

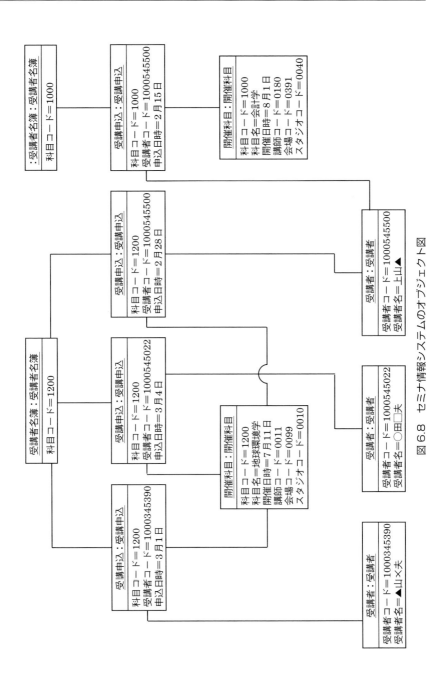

図 6.8 セミナ情報システムのオブジェクト図

▋2．オブジェクト図によるセミナ情報システムの記述例

　図 6.8 は，セミナ情報システムのオブジェクト図による記述例である．オブジェクト図では，作成したクラス図をもとに実際の値を当てはめることで，オブジェクト間にどのような関連があるかを把握できる．図 6.8 では，受講者，受講申込，開催科目，受講者名簿の関係を記述している．受講者が科目を受講するとき，受講する科目 1 つにつき 1 つの受講申込が存在し，受講者名簿は，それらを科目ごとに集めたものであることがわかる．このように，クラス図だけでは関係が把握しづらい部分についてオブジェクト図を作成することで，関係を理解することができる．

▋3．オブジェクト図による医療情報システムの記述例

　図 6.9 は，医療情報システムのオブジェクト図の記述例である．この図では，患者とカルテ，医師，検査技師についての関係を記述している．患者 1 人につき 1 つのカルテが存在し，そのカルテには，診察結果，検査結果が複数関係付けられる．診察結果や検査結果は，診察，検査を行った分だけ存在する．また，これらは，それぞれを担当した医師，検査技師と関係する．

▋6.5　シーケンス図

▋1．書き方

シーケンス図：
sequence
diagram

　シーケンス図は，アクタとイベントフローから抽出したオブジェクト候補を並べ，それらの相互作用の時間的順序関係を記述する．シーケンス図は，1 つのユースケースが，システム内のクラスによってどのように処理されるかを表す具体例である．

　クラス図が完成している場合には，そのクラス設計によって，ユースケースが適切に処理されるかどうかを検証できる．クラス図が未完成の場合，シーケンス図からどのようなクラス，メソッドが必要なのかが明示される．

　クラス図によりメソッドが明らかになると，シーケンス図では，それぞれのメソッドについて，実行されるときにクラス間でどのよ

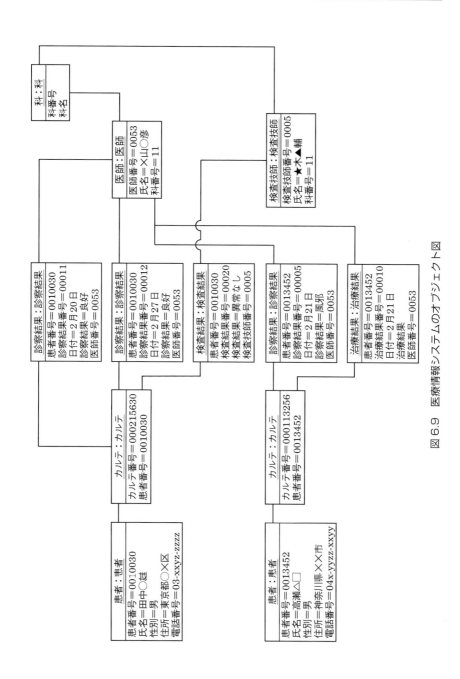

図 6.9　医療情報システムのオブジェクト図

うなやりとりが行われるかを時系列で記述する．まず，一番左に，最初にメソッドを起動するアクタを人型のスティックマンで記述する．図 6.10 では職員がメソッドを起動するアクタである．

生存線：lifeline

　各オブジェクトは，生成から破棄まで，上から下への**生存線**で明示される．これはヘッドと呼ばれる長方形と破線で表される．図 6.10 は，セミナ情報システムで科目を設定するときのシーケンス図である．ヘッドには，オブジェクト名が書かれる．ここには，「オブジェクトの名前：クラス名」の形式で記述する．図 6.10 では，オブジェクト名を省略し，「職員」，「開催科目」，「会場」，「講師」とクラス名のみを記述している．

メッセージ：
message

　相互作用は，オブジェクト間の**メッセージ**として記述する．メッセージは，それを受信したオブジェクトのクラスメソッドを起動する．メソッドの起動は，生存線上で白抜きの長方形で表され，そのオブジェクトが何かを実行していることを表す．図 6.10 では，開催科目から，会場名参照メッセージが出て，会場名が返されるまで会場名参照が実行していることを表す．

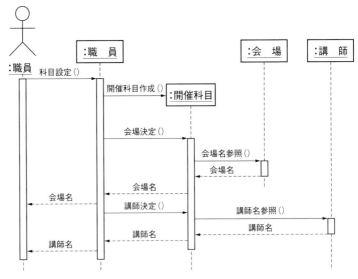

図 6.10　セミナ情報システムのシーケンス図：科目設定

　開催科目のヘッドに開催科目設定のメッセージがつながっているのは，開催科目オブジェクトを生成することを表す.

▍2.　シーケンス図によるセミナ情報システムの記述例

　セミナ情報システムでは，セミナ情報システムにアクセスするのは，受講者，講師，職員であり，アクタは受講者，講師，職員になる. それぞれのメソッドについて，シーケンス図を記述する. ここでは，科目設定，受講者募集，科目受講申込，受講者発行，受講証受取り，レポート課題出題，科目レポート提出，レポート採点，個人別成績表受取りについて記述する.

（a）科目設定

　職員の「科目設定」（図 6.10）メソッドが職員によって起動される.「科目設定」メソッドは，開催科目の「開催科目作成」メソッドを起動し，開催科目を作成する. 次に，科目が開催される会場と講師の名前を設定するために，開催科目の「会場決定」メソッド，「講師決定」メソッドが呼び出され，それぞれ会場名，講師名を取得する.

（b）受講者募集

　「受講者募集」（図 6.11）メソッドが起動される. そして，開催科目の「募集案内作成」メソッドが起動され，募集案内の「募集案内作成」メソッドが起動され募集案内オブジェクトが作成される. そして，科目名，開催日時，講師名，会場名が渡される.

（c）科目受講申込

　受講者の「受講申込」（図 6.12）メソッドが受講者によって起動される.「受講申込」メソッドは，受講申込書を作成するために「科目受講申込」メソッドを起動する. そして，受講者名，受講科目名を渡す. 次に受講申込の「受講申込作成」メソッドが起動され，受講申込が作成され，科目コード，受講者コードが渡される.

（d）受講証発行

　職員の「受講証発行」（図 6.13）メソッドが起動される.「受講証発行」メソッドは，開催科目の「抽選」メソッドを起動する.「抽選」メソッドは，受講申込の「抽選」メソッドを起動し，申込者の中から定員分の受講者を決定し，受講者のコードと科目のコードを

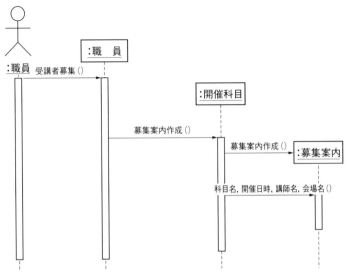

図 6.11　セミナ情報システムのシーケンス図：受講者募集

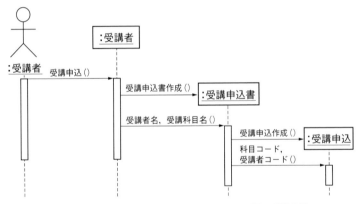

図 6.12　セミナ情報システムのシーケンス図：受講申込

開催科目に返す．また，受講申込は，受講者名簿の「受講者名簿作成」メソッドを起動して受講者名簿を作成し，受講者コードを渡す．次に，講師の「講師名参照」メソッドを起動して講師名を取得し，科目名，講師名，受講者名，開催日時を職員へ返す．そして，受講証の「受講証作成」メソッドを起動して受講証を作成し科目名，講師名，開催日時，受講者名を渡す．

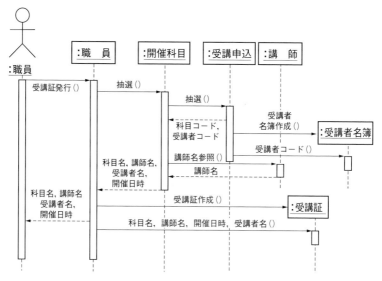

図6.13 セミナ情報システムのシーケンス図：受講証発行

（e）受講証受取り

　受講者によって「受講証受取り」（図 **6.14**）メソッドが起動される．次に，受講証の「受講証参照」メソッドを起動し科目名，開催日時，講師名を取得する．受講者には，科目名，開催日時，講師名，受講者名が返される．

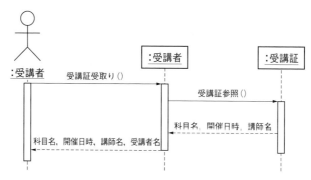

図6.14 セミナ情報システムのシーケンス図：受講証受取り

（f） レポート課題出題

　講師によって「レポート課題出題」（図 6.15）メソッドが起動される．次に，レポート課題の「レポート課題作成」メソッドを起動し，レポート課題オブジェクトが作成される．そして，レポート課題が渡される．

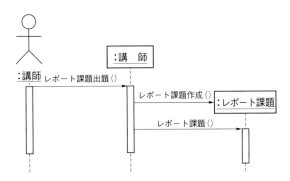

図 6.15　セミナ情報システムのシーケンス図：レポート課題出題

（g） 科目レポート提出

　受講者によって「レポート提出」（図 6.16）メソッドが起動される．そして，レポート課題の「レポート課題参照」メソッドを起動

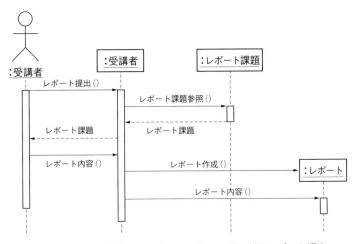

図 6.16　セミナ情報システムのシーケンス図：科目レポート提出

して、レポート課題を受け取る。受講者は、レポート課題を見て、レポートの内容を渡す。そしてレポートの「レポート作成」メソッドを起動し、レポートオブジェクトが作成され、レポートの内容が渡される。

（h）レポート採点

講師によって「レポート採点」（図6.17）メソッドが起動される。次に、科目レポートの「レポート参照」メソッドを起動し、レポートの内容が渡される。講師は、レポートの内容を見て採点し、成績を記入する。科目別成績表の「成績記入」メソッドが起動され、成績明細の「成績記入」メソッドを起動して成績が記入される。

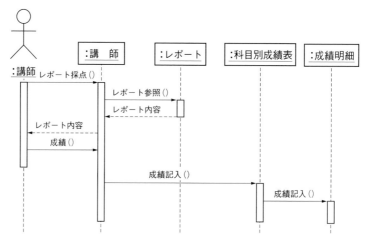

図6.17 セミナ情報システムのシーケンス図：レポート採点

（i）個人別成績表受取り

受講者によって「個人別成績表受取り」（図6.18）メソッドが起動される。「個人別成績表作成」メソッドを起動して個人別成績表オブジェクトが作成される。個人別成績表は成績明細の「成績を参照」メソッドを起動して成績を取得する。成績表の内容は受講者オブジェクトに渡される。

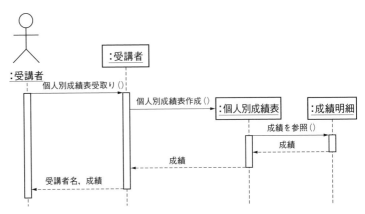

図 6.18　セミナ情報システムのシーケンス図：個人別成績表受取り

　クラス図とシーケンス図を用いてセミナ情報システムを分析した結果，必要なクラス，属性，メソッドが明らかになる．ここで改めてユースケース図を記述する．このシステムは，受講者，講師，職員に対してサービスを提供するシステムである．したがって，ユースケース図でのアクタは受講者，講師，職員であり，受講者クラス，講師クラス，職員クラスに記述されているメソッド一つひとつは，ユースケースに対応する．講師クラスの講師名参照メソッドは他のクラスからのみ呼び出されるメソッドであるため，ユースケース図には記述されない．このようにして，最終的なユースケース図が記述される（図 6.19）．

■ 3.　シーケンス図による医療情報システムの記述例

　シーケンス図の一番左に，最初にメソッドを起動するアクタを記述する．この医療情報システムでは，システムに直接アクセスするのは，医師，受付係，看護師，薬剤師，検査技師，会計係であるので，アクタはこれらの人である．それぞれのメソッドについてシーケンス図を記述する．

（a）新規患者受付

　受付係の「新規患者受付」（図 6.20）メソッドは，受付係によって起動される．「新規患者受付」メソッドでは，まず，受付履歴オ

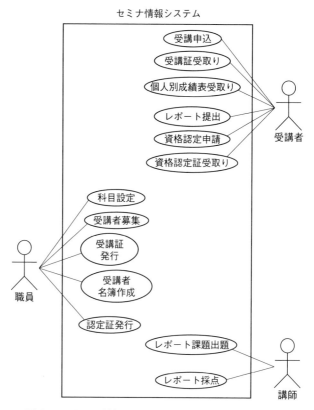

セミナ情報システム

図6.19　セミナ情報システムのユースケース図（改訂版）

ブジェクトを作成する．次に，受付オブジェクトの「カルテ作成」メソッドを起動する．次にカルテの「カルテ作成」メソッドを起動し，カルテオブジェクトが作成される．次に，新規の患者なので患者オブジェクトを作成する「患者作成」メソッドを起動する．そしてカルテオブジェクトの「受付結果記入」メソッドを起動し，カルテに受付結果が記入される．最後に，診察カードを作成する「診察カード作成」メソッドが起動される．

（b）患者受付

受付係オブジェクトの「患者受付」（図6.21）メソッドが起動される．患者受付メソッドは，診察カードオブジェクトの「診察カー

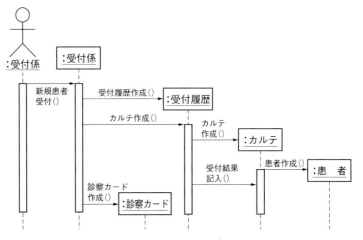

図6.20　医療情報システムのシーケンス図：新規患者受付

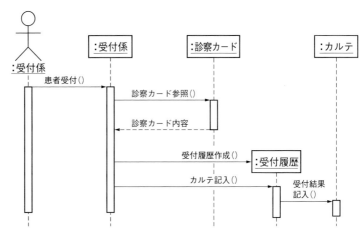

図6.21　医療情報システムのシーケンス図：患者受付

ド参照」メソッドを起動し，診察カードの内容を獲得する．次に受付履歴オブジェクトを作成し，受付履歴オブジェクトの「カルテ記入」メソッドを起動してカルテオブジェクトの「受付結果記入」メソッドが起動され，受付結果がカルテオブジェクトに記入される．

(c) 問診結果記入

看護師オブジェクトの「問診結果記入」（図6.22）メソッドが看護師によって起動される．「問診結果記入」メソッドは，カルテオブジェクトの「問診結果追加」メソッドを起動し，カルテに問診結果が追加される．

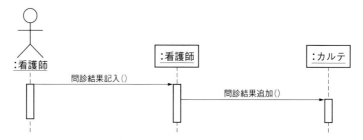

図6.22　医療情報システムのシーケンス図：問診結果記入

(d) 検査結果記入

検査技師オブジェクトの「検査結果記入」（図6.23）メソッドが検査技師によって起動される．「検査結果記入」メソッドは，カルテオブジェクトの「検査結果追加」メソッドを起動し，カルテに検査結果が追加される．

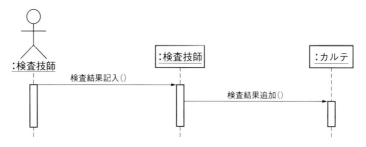

図6.23　医療情報システムのシーケンス図：検査結果記入

(e) 会計処理

会計係オブジェクトの「会計処理」（図6.24）メソッドが会計係によって起動される．「会計処理」メソッドは，カルテオブジェク

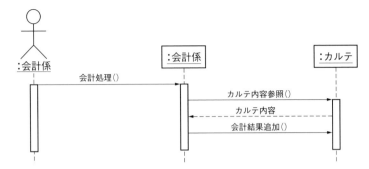

図6.24　医療情報システムのシーケンス図：会計処理

トの「カルテ内容参照」メソッドを起動し，カルテの内容を獲得する．

（f）処方参照

　薬剤師が薬剤師オブジェクトの「処方参照」（図6.25）メソッドを起動する．「処方参照」メソッドは，処方せんオブジェクトの「処方問合せ」メソッドを起動し，処方を獲得する．次に，薬剤師は，薬剤師オブジェクトの「処方結果記入」メソッドを起動し，「処方結果記入」メソッドはカルテオブジェクトの「処方結果追加」メソッドを起動し，処方結果が追加される．

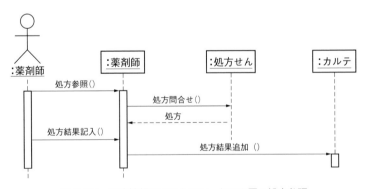

図6.25　医療情報システムのシーケンス図：処方参照

(g) 問診結果参照，診察結果記入，治療結果記入，処方せん作成

　医師によって，医師オブジェクトの「問診結果参照」メソッドが起動され，「問診結果参照」メソッドは，カルテの「問診結果問合せ」メソッドを起動し，問診結果を獲得する．次に，医師はカルテオブジェクトの「診察結果記入」メソッドを起動し，カルテの「診察結果追加」メソッドが起動されて，診察結果がカルテオブジェクトに書き込まれる．次に同様に「治療結果記入」メソッドを起動し，カルテの「治療結果追加」メソッドが起動されて，治療結果がカルテオブジェクトに書き込まれる．最後に，医師が「処方せん作成」メソッドを起動し，このメソッドは，カルテオブジェクトの「処方せん作成メソッド」を起動し，さらに処方せんの「処方せん作成」メソッドが起動されて，処方せんオブジェクトが作成される（図6.26）．

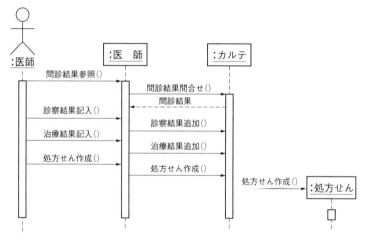

図 6.26　医療情報システムのシーケンス図：問診結果参照，診察結果記入，
　　　　　治療結果記入，処方せん作成

　クラス図とシーケンス図を用いて医療情報システムを分析した結果，必要なクラス，属性，メソッドが明らかになる．ここで改めてユースケース図を記述する．このシステムは，病院の職員である，受付係，医師，看護師，薬剤師，検査技師，会計係に対してサービスを提供するシステムであり，それぞれの人がシステムを操作す

る．したがって，ユースケース図でのアクタは，これらすべての人であり，受付係クラスなどに記述されているメソッド一つひとつは，ユースケースに対応する（図6.27）．

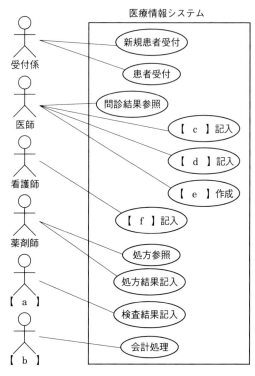

医療情報システム

新規患者受付

患者受付

問診結果参照

【　c　】記入

【　d　】記入

【　e　】作成

【　f　】記入

処方参照

処方結果記入

検査結果記入

会計処理

受付係

医師

看護師

薬剤師

【　a　】

【　b　】

図6.27　医療情報システムのユースケース図（改訂版）

▌4. シーケンス図による空調システムの記述例

　空調システムでは，システム全体の運転開始，停止，それぞれの居住室での運転の開始，停止，そして温度，湿度の変更のシーケンス図を記述する．暖房運転については省略しているが冷房運転と同様に記述する．

（a）空調システムの運転開始

　システム管理者によって，中央監視装置に対して，運転開始の指示がされる（図6.28）．システム監視装置では，ゾーン監視装置に対して運転開始が指示される．ゾーン監視装置では，パネルの設定

値，現在温度，現在湿度を，パネル，温度センサ，湿度センサから取得し，中央監視装置に渡す．そして管理者は，現在の温度と湿度を見る．このシステムでは，複数の部屋の状態を中央監視装置で監視し，それぞれの部屋はゾーン監視装置で監視する．

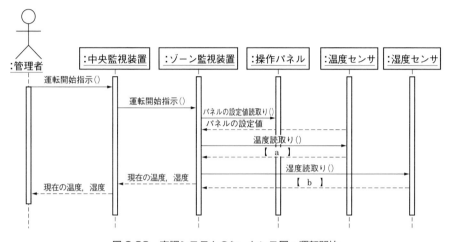

図 6.28　空調システムのシーケンス図：運転開始

（b）冷房運転開始 1

　居住者によって，操作パネルに運転開始の指示がされる．操作パネルからはゾーン監視装置に対して運転開始の信号が送られる（図 6.29）．ゾーン監視装置は，パネルの設定温度と湿度を読み取り，温度センサ，湿度センサから現在の温度と湿度を読み取る．そして制御量を計算しファンを始動する．この記述では，冷房運転で湿度が高い場合であるので，冷房装置と除湿器に始動の信号が送られる．そしてゾーン監視装置から，中央監視装置と，操作パネルに現在の温度，湿度，運転状態が渡される．

（c）冷房運転開始 2

　居住者によって操作パネルに運転開始の指示がされる．操作パネルからはゾーン監視装置に対して運転開始の信号が送られる（図 6.30）．ゾーン監視装置は，パネルの設定温度と湿度を読み取り，温度センサ，湿度センサから現在の温度と湿度を読み取る．制

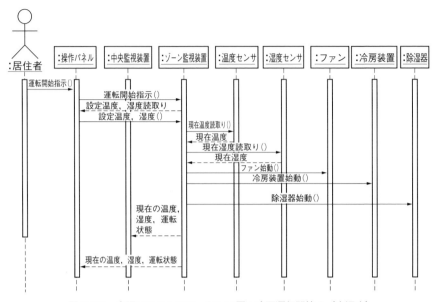

図 6.29　空調システムのシーケンス図：冷房運転開始 1（高湿度）

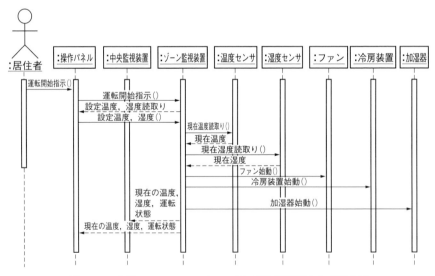

図 6.30　空調システムのシーケンス図：冷房運転開始 2（低湿度）

御量を計算しファンを始動する．この記述では，冷房運転で湿度が低い場合であるので，冷房装置と加湿器に始動の信号が送られる．そしてゾーン監視装置から，中央監視装置と，操作パネルに現在の温度，湿度，運転状態が渡される．

(d) 冷房時の設定温度変更

居住者によって操作パネルに温度が設定される．ゾーン監視装置に設定温度を変更したという信号がいく（図6.31）．ゾーン監視装置は，操作パネルから設定温度を読み取り，温度センサから現在温度を読み取る．そして，制御量を計算して，ファンと冷房装置に制御信号を送り，中央監視装置と操作パネルに現在の温度を渡す．

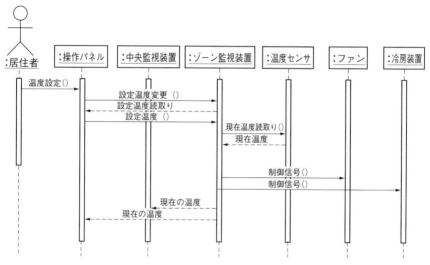

図6.31 空調システムのシーケンス図：冷房時の設定温度変更

(e) 加湿時の設定湿度変更

居住者によって操作パネルに湿度が設定される．そして，ゾーン監視装置に設定湿度を変更したという信号がいく（図6.32）．ゾーン監視装置は，操作パネルから設定湿度を読み取り，湿度センサから現在湿度を読み取る．制御量を計算して，ファンと加湿器に制御信号を送り，中央監視装置と操作パネルに現在の湿度を渡す．

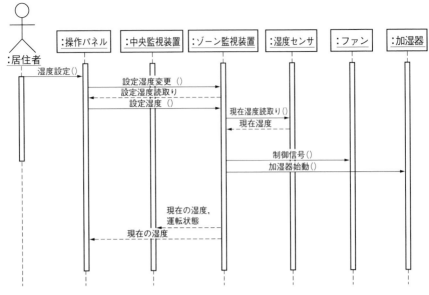

図 6.32　空調システムのシーケンス図：加湿時の設定温度変更

（f）除湿時の設定湿度変更

　　居住者によって操作パネルに湿度が設定される．そして，ゾーン監視装置に設定湿度を変更したという信号がいく（図 6.33）．ゾーン監視装置は，操作パネルから設定湿度を読み取り，湿度センサから現在湿度を読み取る．制御量を計算して，ファンと除湿器に制御信号を送り，中央監視装置と操作パネルに現在の湿度を渡す．

（g）空調システムの運転停止

　　管理者によって中央監視装置に，運転停止の指示がされると，ゾーン監視装置に運転停止の指示がされる（図 6.34）．ゾーン監視装置では，冷房装置，暖房装置，加湿器，除湿器，ファンを順次停止する．

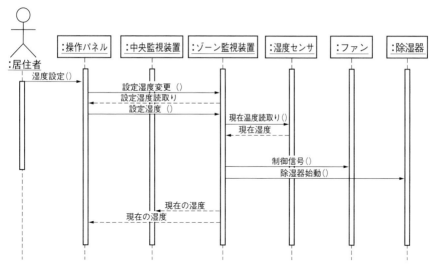

図 6.33　空調システムのシーケンス図：除湿時の設定温度変更

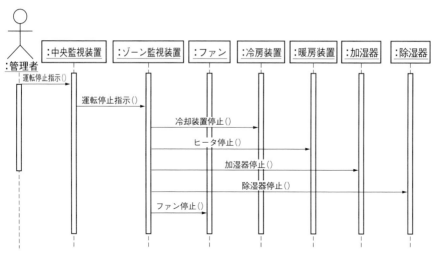

図 6.34　空調システムのシーケンス図：空調システムの運転停止

【 **演習** 】図 6.27 の【　a　】,【　b　】にアクタの名称,【　c　】
　　　〜【　f　】にユースケース名称を入れなさい.
《 **解答** 》【　a　】薬剤師　　　【　b　】検査技師
　　　　　　【　c　】診察結果　　　【　d　】治療結果
　　　　　　【　e　】処方せん　　　【　f　】問診結果

【 **演習** 】図 6.28 の【　a　】,【　b　】にメッセージの名称を入
　　　れなさい.
《 **解答** 》【　a　】温度　　【　b　】湿度

■6.6　コミュニケーション図

■1.　書き方

コミュニケーショ
ン図：
communication
diagram

　コミュニケーション図は，シーケンス図の時間軸を折りたたんだ
もので，シーケンス図に追加される情報はない.しかし，時間軸を
折りたたむことで，クラス間の関連上でどのようなメッセージが交
換されるのかが明示される.

　対応するクラス図と比較したとき，コミュニケーション図に現れ
ている関連がクラス図にも記載されているか，その関連上を流れる
メッセージの意味と関連の役割とが適切に対応しているかなどを確
かめることができる.

　図 6.35 は，図 6.10 のシーケンス図と同じ内容をコミュニケーシ
ョン図で表したものである.

　クラスから出されるメッセージに付けられる枝番号の付け方は，
次のとおりにする.この枝番号の付け方は，本の章や節の付け方と
同様な考え方である.

　あるクラスが受け取ったメッセージの番号を ns とする.その ns
で起動されたそのクラスが，他のクラスにメッセージを送るとき
は，その枝番号を付けて ns.1 とする.複数のクラスに送りたいと
きは，順次 ns.2 とする.ns.i（i は自然数）を受け取ったクラスは,
今，受け取ったメッセージに対しての作業を行うために，別のクラ
スにメッセージを送るときは，ns.i.1, ns.i.2, , , ns.i.j, , ,（j は自

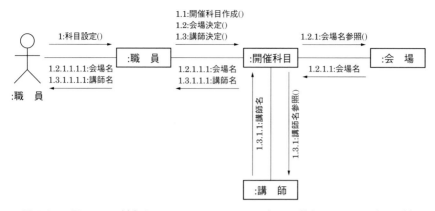

図6.35 図6.10に対応するコミュニケーション図（セミナ情報システム：科目設定）

然数）と付けていく．

　自分が送ったメッセージが ns で，受け取ったメッセージが ns.k（k は自然数）なら，頭に ns が付いているので ns に関する処理は終わったことになる．戻ってくるメッセージがない場合もある．

　図6.35 では，職員アクタが，"1：科目設定"で，職員オブジェクトを呼び出す．職員オブジェクトは，開催科目作成，会場決定，講師決定という作業を行う．このために，職員オブジェクトの，"1.1：開催科目作成"により，開催科目オブジェクトが生成される．次に "1.2：会場決定" を開催科目オブジェクトに依頼する．開催科目オブジェクトは，会場オブジェクトに対して，空きの会場を捜すよう，"1.2.1：会場名参照" を依頼する．会場オブジェクトは，"1.2.1.1：会場名" を返す．そこから "1.2.1.1.1：会場名" が職員オブジェクトに返され，さらに "1.2.1.1.1.1：会場名" が職員へ返される．これで 1.2 会場決定に関する処理は終わったことになる．

　職員オブジェクトから "1.3：講師決定" の依頼を受けた開催科目オブジェクトは，講師オブジェクトに対して，担当の講師を探すよう，"1.3.1：講師名参照" を依頼する．講師オブジェクトは，"1.3.1.1：講師名" を返す．そこから "1.3.1.1.1：講師名" が職員オブジェクトに返され，さらに "1.3.1.1.1.1 講師名" が職員へ返される．これで 1.3 講師決定に関する処理は終わったことになる．

1.2 の会場決定や 1.3 の講師決定では，会場名，講師名がメッセージとして戻ってくるが，1.1 開催科目作成は，開催科目オブジェクトを作成するのみであり戻ってくるメッセージはない．

■2.　コミュニケーション図によるセミナ情報システムの記述例

　図 6.36 では，受講者アクタが"1：受講申込"で受講者オブジェクトを呼び出す．受講者オブジェクトは"1.1 受講申込書作成"により，受講申込書オブジェクトを生成する．次に"1.2：受講者名，受講科目名"を受講申込書オブジェクトに伝える．受講申込書オブジェクトは"1.2.1：受講申込作成"により「受講申込オブジェクト」を生成する．その後，"1.2.2：科目コード，受講者コード"を送り，これがオブジェクトに設定される．

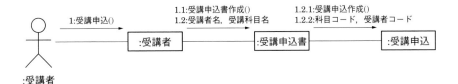

図 6.36　図 6.12 に対応するコミュニケーション図（セミナ情報システム：受講申込）

　図 6.37 では，職員アクタが，"1：受講証発行"で職員オブジェクトを呼び出す．職員オブジェクトは，"1.1：抽選"を，開催科目オブジェクトに依頼する．開催科目オブジェクトは，"1.1.1：抽選"をさらに受講申込オブジェクトに依頼する．受講申込オブジェクトは，抽選を行って，その結果を，"1.1.1.1：受講者名簿作成"と"1.1.1.2：受講者コード"で，受講者名簿オブジェクトに送る．この後，"1.1.1.3：科目コード，受講者コード"を開催科目オブジェクトに返す．これで，抽選の処理が終わったことになる．

　開催科目オブジェクトは，講師オブジェクトに対して，"1.1.2：講師名参照"で，その科目の講師名を問い合わせる．講師オブジェクトは，"1.1.2.1：講師名"を返す．

　開催科目オブジェクトは，"1.1.3：科目名，講師名，受講者名，開催日時"を，職員オブジェクトに返す．職員オブジェクトは，受講証オブジェクトに対して，"1.2：受講証作成"を依頼し，"1.3：科

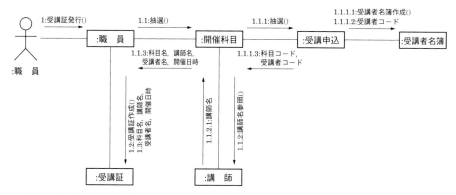

図6.37 図6.13に対応するコミュニケーション図（セミナ情報システム：受講証発行）

目名，講師名，受講者名，開催日時"を送る．

6.7 状態マシン図

1. 書き方

状態マシン図：
state machine
diagram

　状態マシン図は，オブジェクトの内部状態と，そのときの外部からのメッセージに対する応答を表す．着目するオブジェクトが取り得る状態の集まりをノードの集まりとして列挙し，それらの状態間の遷移をアークで記述し，遷移を起こす条件，入力，あるいはイベントをそのアークの上に記述する．

　シーケンス図やコミュニケーション図が，複数のオブジェクト間の関係を表すのに対して，状態マシン図は，ある1つのオブジェクトに着目する．一方，シーケンス図もコミュニケーション図も，ある特定のシナリオに従って記述されるのに対して，状態マシン図はすべての可能性を網羅する．したがって，シーケンス図やコミュニケーション図に現れるオブジェクトのふるまいは，必ず状態マシン図に表現される．

　図6.38で状態マシン図の基本を示す．ノードが6個あり，これらが着目する対象の取り得る状態 S1，S2，S3，S4，S5，S6 を表す．各状態からどのような条件，入力，あるいはイベントで別の状

態に遷移するかを，アークの上に書く．黒丸は開始状態，二重の黒
丸は終了状態を表す．最初は，開始状態からイベント e0 が起きる
と状態 S1 へ遷移する．例えば，対象が状態 S1 で，e1 あるいは e2
が起きれば S2 あるいは S3 に遷移する．

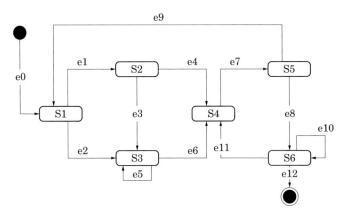

図 6.38　状態マシン図

　状態マシン図で記述する対象を何にするかには 2 通りある．分
析段階で業務を分析するときは，携わる人を対象とすることが多
い．また，分析段階や設計が進んでいく段階では，物や情報を対象
とすることが多い．

2. 状態マシン図によるセミナ情報システムの記述例

　セミナ情報システムに関わる人，物，情報の取り得る状態を把握
する．また，その状態間の関係を把握する．この取り得る状態をノ
ードとして列挙し，状態と状態を移動するための条件，イベント，
入力を，状態間のアークの上に記述する．1 つの人，物や情報の状
態マシン図を描いてもよいし，それらを複数並べて互いのインタラ
クションを描いてもよい．

　図 6.39 は，それぞれの人の状態マシン図である．受講者の状態
として，通知待ちの状態から，単位履修，未履修までの 9 個の状
態が列挙される．例えば，通知待ちの状態の後，抽選漏れ通知か受
講証送付のイベントにより，状態遷移が異なる．職員の状態とし

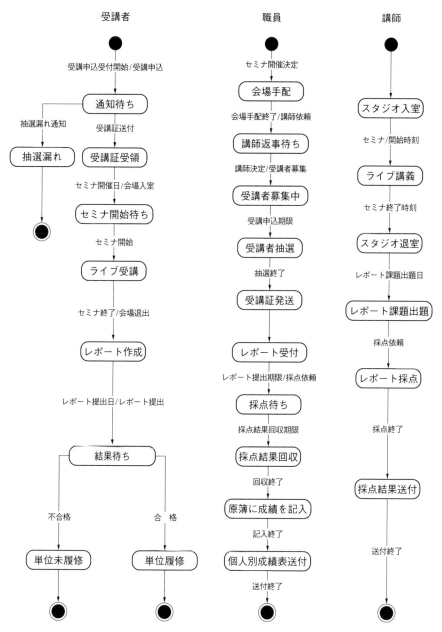

図6.39　セミナ情報システムの人の状態マシン図（受講者，職員，講師）

て，会場手配の状態から個人別成績表送付の状態まで 10 個の状態
が列挙され，それらの間を遷移するためのイベントがアークの上に
書かれている．講師の状態として，スタジオ入室の状態から採点結
果送付の状態まで 6 個の状態が列挙され，それらの間を遷移する
ためのイベントがアークの上に書かれている．

　図 6.40 は，資格認定に関してのみの受講者と職員の状態マシン
図が示されている．イベントに［　］で囲んで書かれている部分は
ガード条件であり，この条件を満たしているときに遷移することを
表す．図 6.40 では資格認定の結果が認定であれば，資格認定証受
領の状態に遷移し，非認定であれば，資格非認定の状態に遷移する
ことを表す．

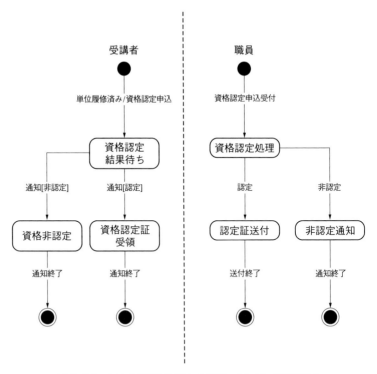

図 6.40　セミナ情報システムの状態マシン図（資格認定）

　図 6.41 は，それぞれの物や情報の状態マシン図である．受講者名簿，成績原簿，個人別成績表，受講申込書，受講証，資格認定申請書，資格認定証などの物や情報の状態マシン図が記述される．未記入，回収，送付，未登録，登録などの状態が列挙される．

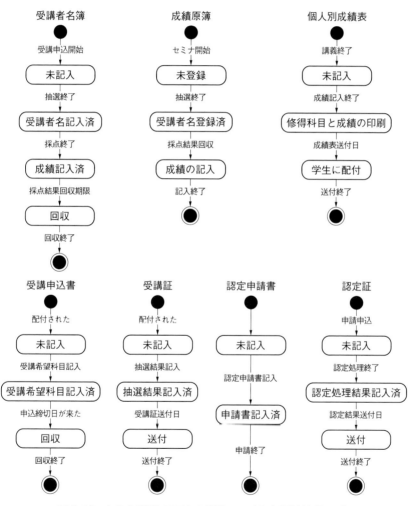

図 6.41　セミナ情報システムの状態マシン図（受講者名簿など）

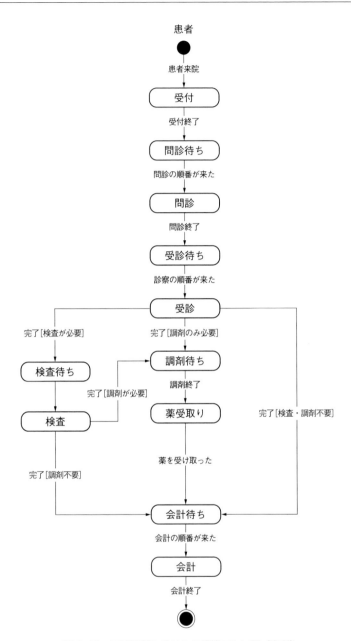

図 6.42　医療情報システムの状態マシン図（患者）

▌3. 状態マシン図による医療情報システムの記述例

　図 6.42 と図 6.43 は，医療情報システムに関わるそれぞれの人の状態マシン図である．患者の状態として，受付される状態から会計する状態までの 11 個の状態が列挙される．例えば，受診という状態の後に検査待ちという状態になり，検査の順番が来たら検査という状態に遷移する．医師は，患者を待ち，診察し，診察結果を記入し，処方せんを作成するという 4 個の状態を遷移する．同様に，受付係，検査技師，看護師，薬剤師，会計係の状態マシン図が記述される．

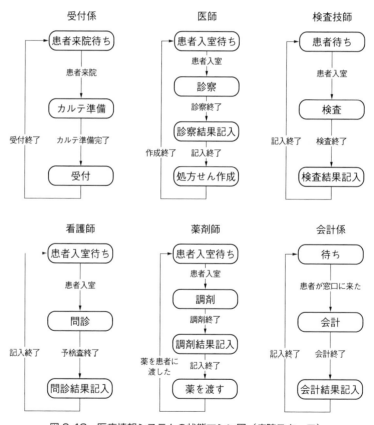

図 6.43　医療情報システムの状態マシン図（病院スタッフ）

　図 6.44 は，それぞれの物や情報の状態マシン図である．カルテ，処方せん，診察カードなどの物や情報の状態マシン図が記述される．カルテは，棚に保管中から会計結果の記入まで 7 個の状態が列挙され，それらの状態の間での遷移の条件がアークの上に記述される．

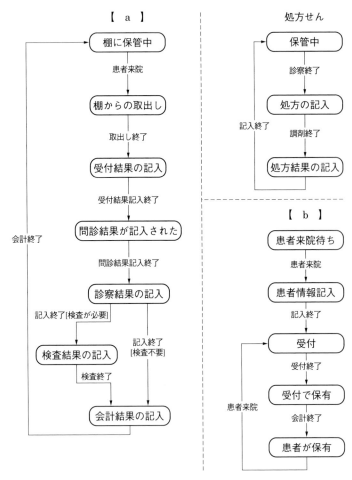

図 6.44　医療情報システムの状態マシン図（処方せんなど）

▌4. 状態マシン図による空調システムの記述例

　図 6.45 と図 6.46 は，空調システムの主な構成要素の状態マシン図である．ゾーン監視装置の状態としては，操作パネルスキャン，暖房開始，冷房開始，センサスキャン，制御量計算，停止がある．操作パネルの暖房開始ボタン，冷房開始ボタンが押されると，暖房あるいは冷房が開始される．また，センサをスキャンし，制御量の計算が行われ，停止ボタンが押されると，停止の状態に遷移することを示している．同様に，ファン，冷房装置，暖房装置，除湿器，加湿器の状態マシン図が記述される．

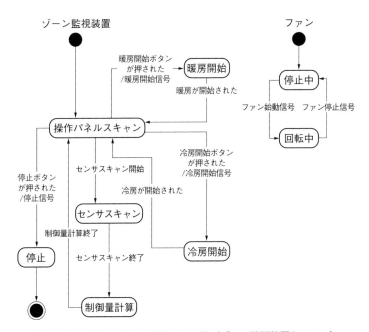

図 6.45　空調システムの状態マシン図（ゾーン監視装置とファン）

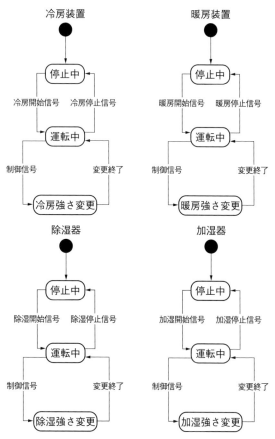

図 6.46　空調システムの状態マシン図（冷房装置など）

【 演習 】図 6.44 の【　a　】,【　b　】に物の名称を入れなさい.
《 解答 》【　a　】カルテ　　【　b　】診察カード

6.8　アクティビティ図

アクティビティ
図：activity
diagram

アクション：
action

1. 書き方

　アクティビティ図では，一連の処理を**アクション**とオブジェクト
の相互関係で表す．状態マシン図と違い，複数のオブジェクトにま

たがる処理を記述できる.

図 6.47 は，教務情報システムのアクティビティ図の一例を示す．教務情報クライアント，教務情報サーバ，データベースサーバの3つのオブジェクトがあり，それらが連携して，ユーザからの要求を処理する．

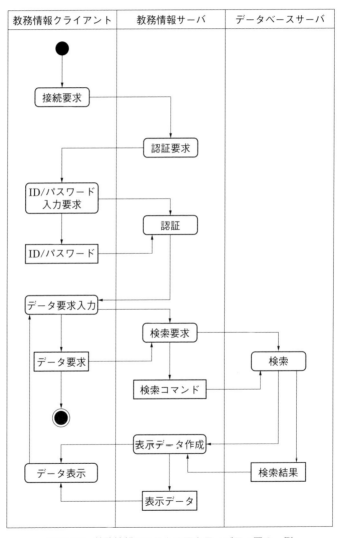

図 6.47　教務情報システムのアクティビティ図の一例

スイムレーン：
swimlane

　　　それぞれのオブジェクトのアクションは，それぞれの**スイムレー**
ンの中に書かれる．オブジェクトの相互関係は，スイムレーンをま
たがって書かれる．

　　　スイムレーンをまたがったものも含めて，アクション間の制御の
流れを辿ると，フローチャートに近いものになる．一方，スイムレー
ンのオブジェクトの流れに焦点を当てると，**データフロー図**に近
いものになる．

データフロー図：
data flow
diagram

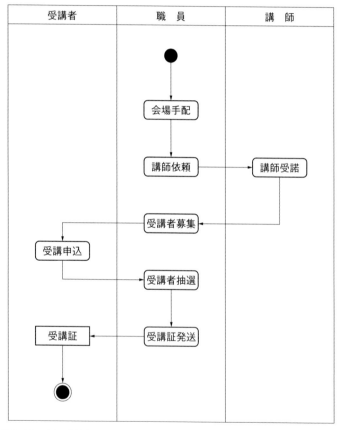

図6.48　セミナ情報システムのアクティビティ図（会場手配から受講証送付
　　　　まで）

2. アクティビティ図によるセミナ情報システムの記述例

セミナ情報システムについて，図 6.48 は会場手配からから受講表送付まで，図 6.49 はレポート課題出題から成績表送付までのアクティビティ図である.

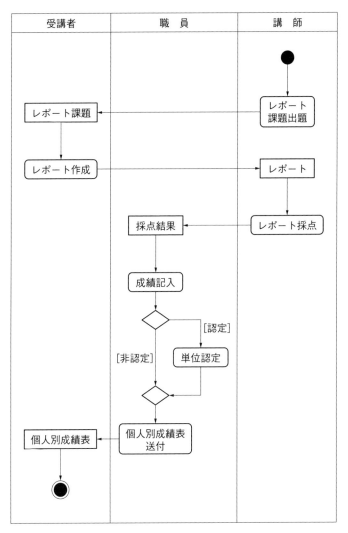

図 6.49 セミナ情報システムのアクティビティ図（レポート課題出題から成績表送付まで）

　　　オブジェクトは，受講者，職員，講師である．図 6.48 で講師の
アクションは「講師受諾」である．受講者のアクションは「受講申
込」で，受け取るデータとして「受講証」がある．職員のアクショ
ンは，「会場手配」，「講師依頼」，「受講者募集」，「受講者抽選」，「受
講証発送」である．

　　　講師の「講師受諾」のアクションは，職員の「講師依頼」のアク
ションとやりとりがある．職員の「受講者募集」のアクションは，
講師の「講師受諾」を受けてのものである．

　　　図 6.49 では，講師の「レポート課題出題」アクションにより，
受講者は「レポート課題」データを受け取る．受講者は，「レポー
ト課題」に従い，「レポート作成」アクションを行い，講師は「レ
ポート」データを受け取り，「レポート採点」アクションを行う．

【 **演習** 】図 6.49 における職員のスイムレーンの処理を，図に沿
って説明しなさい．

《 **解答** 》図 6.49 で，職員は，講師の「レポート採点」アクション
により「採点結果」データを受け取る．これに基づき，「成績記
入」アクションを行う．その成績が認定条件を満たす場合には
「単位認定」アクションを行い，条件を満たさない場合には，非
認定となる．そして，「個人別成績表送付」アクションにより，
「個人別成績表」データを受講者へ送付する．

6.9　コンポーネント図

1.　書き方

コンポーネント
図：component
diagram

ソフトウェアコン
ポーネント：
software
component

　　　コンポーネント図は，ソフトウェアコンポーネント間の関連を表
す．白抜きの円で表された提供インタフェースと，半円で表された
要求インタフェースによって，コンポーネント同士を接続する．コ
ンポーネントの中には，さらに詳細なコンポーネントを記述するこ
ともできる．

　　　図 6.50 は教務情報システムのコンポーネント図を示している．
教務情報システムのユーザである学生，職員，教員のそれぞれに応

じた処理を行う．学生用クライアントアプリケーション，職員用ク
ライアントアプリケーション，教員用クライアントアプリケーショ
ンのコンポーネントがある．これらのコンポーネントは教務情報サ
ーバアプリケーションへインタフェースを介して接続する．例え
ば，職員用クライアントコンポーネントから教務情報サーバアプリ
ケーションへ科目登録の要求を行う．サーバアプリケーションはデ
ータベースへ登録を要求する．ここでは，教務情報データベースを
コンポーネントとして接続している．

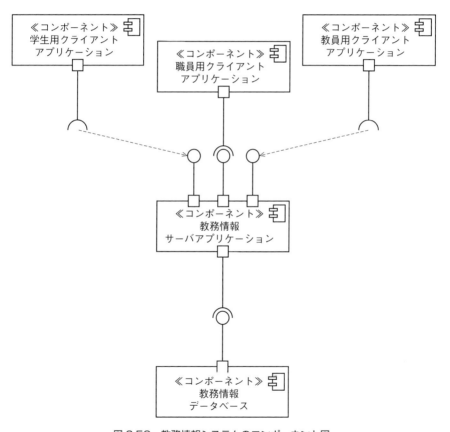

図6.50　教務情報システムのコンポーネント図

2. コンポーネント図によるセミナ情報システムの記述例

　図 6.51 は，セミナ情報システムのコンポーネント図である．利用者である受講者用，職員用，講師用のそれぞれにクライアントアプリケーションのコンポーネントがある．これらは，セミナ情報サーバアプリケーションコンポーネントに接続する．セミナ情報サーバアプリケーションは，セミナ情報データベースコンポーネントに接続する．

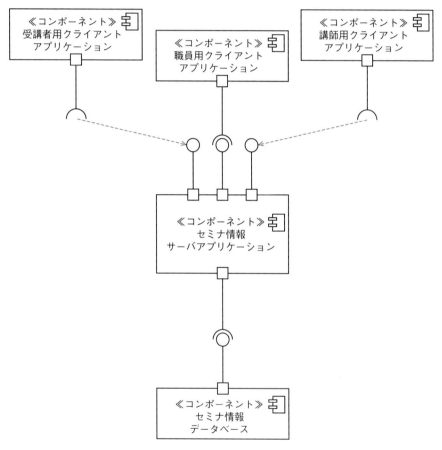

図 6.51　セミナ情報システムのコンポーネント図

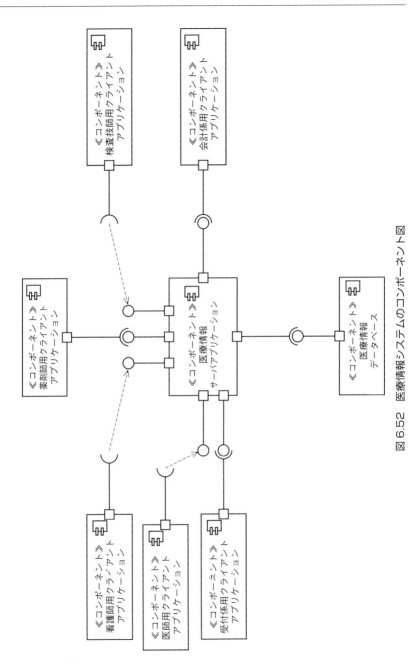

図 6.52 医療情報システムのコンポーネント図

■3. コンポーネント図による医療情報システムの記述例

　図 6.52 は，医療情報システムのコンポーネント図である．利用者である受付係，医師，看護師，薬剤師，検査技師，会計係のそれぞれにクライアントアプリケーションのコンポーネントがある．これらは，医療情報サーバアプリケーションコンポーネントに接続する．医療情報サーバアプリケーションは，医療情報データベースコンポーネントに接続する．

■6.10　配置図

■1. 書き方

配置図：
deployment
diagram

ノード：node

　配置図は，ソフトウェアコンポーネントが，どのノード（ハードウェア）に配置されるかを示す．ノード間の通信関連のほか，必要に応じてソフトウェアコンポーネント間の実行時の関連や，ハードウェアサポート，実行時のオブジェクトの移動なども記述できる．

　図 6.53 は，教務情報システムの配置図である．図 6.50 のコンポーネント図に登場した各コンポーネントをどのデバイスに配置するかを示している．学生用デバイスに，学生用クライアントアプリケーションコンポーネントを，職員用デバイスに，職員用クライアントアプリケーションコンポーネントを，教員用デバイスに，教員用クライアントアプリケーションコンポーネントを配置している．教務情報サーバのデバイスには教務情報サーバアプリケーションコンポーネントを，データベースサーバのデバイスには教務情報データベースコンポーネントを配置している．

　図 6.54 も教務情報システムの配置図であるが，図 6.53 とは教務情報サーバアプリケーションコンポーネントと教務情報データベースコンポーネントの配置が異なる．図 6.53 では，それぞれのコンポーネント専用に 1 台ずつ合計 2 台のサーバのハードウェアを用意してコンポーネントを配置している．一方，図 6.54 では，サーバは 1 台のみで，その中に，教務情報サーバアプリケーションコンポーネントと教務情報データベースコンポーネントの両方を配置している．大規模の情報システムでは前者の，小規模の情報システ

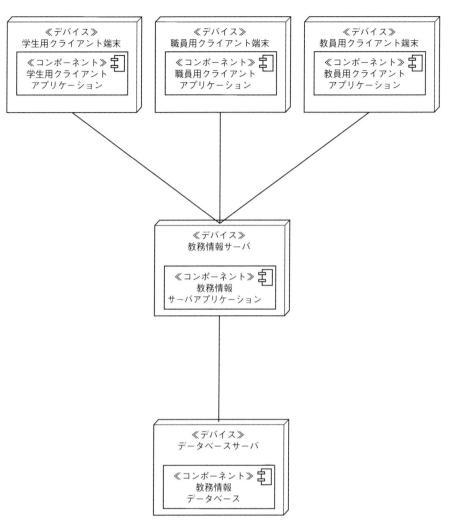

図6.53　教務情報システムの配置図（サーバ2台）

ムでは後者の配置にするのが現実的と考えられる．

　図6.55は，同じく教務情報システムの配置図であるが，学生用クライアント端末にスマートフォンを利用する場合を想定している．スマートフォンでは，専用アプリをインストールして利用する場合と，Webブラウザから利用する場合がある．図6.55の左側の

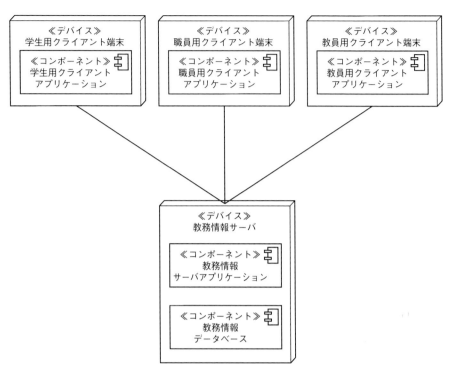

図 6.54　教務情報システムの配置図（サーバ 1 台）

学生用クライアント端末は専用アプリをインストールして利用する
場合を示している．このクライアント端末にはスマートフォンアプ
リ版のコンポーネントが入っている．ここでは，そのクライアント
コンポーネントが UserInterface クラスと Communication クラス
を利用することを示している．図 6.55 の右側の学生用クライアン
ト端末は，Web ブラウザから Web アプリ版の教務情報システムを
利用する場合を示している．ここで利用するクラスは，Web 版の
UserInterface for WWW クラスと Communication for WWW クラ
スである．

▍2.　配置図によるセミナ情報システムの記述例

　図 6.56 は，セミナ情報システムの配置図である．受講者用デバ
イスに受講者用クライアントアプリケーションコンポーネントを，

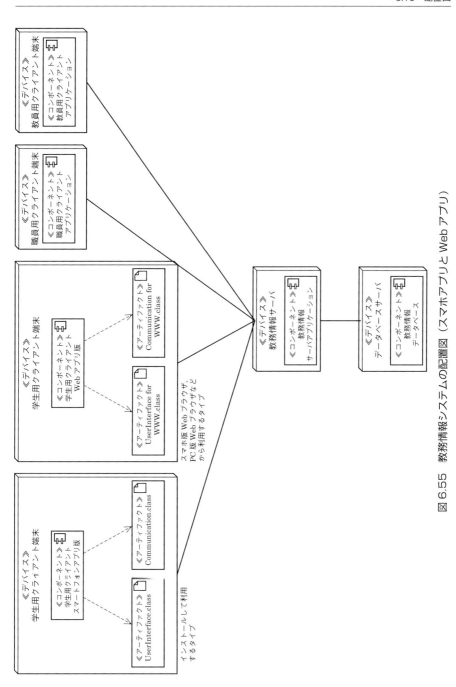

図 6.55 教務情報システムの配置図（スマホアプリと Web アプリ）

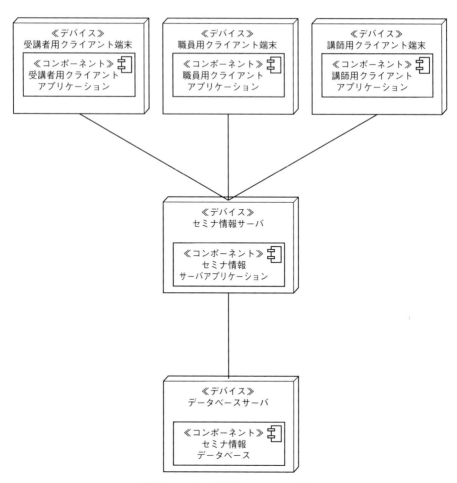

図 6.56　セミナ情報システムの配置図

　職員用デバイスに職員用クライアントアプリケーションコンポーネントを，講師用デバイスに講師用クライアントアプリケーションコンポーネントを配置している．セミナ情報サーバのデバイスにはセミナ情報サーバアプリケーションコンポーネントを，データベースサーバのデバイスにはセミナ情報データベースコンポーネントを配置している．

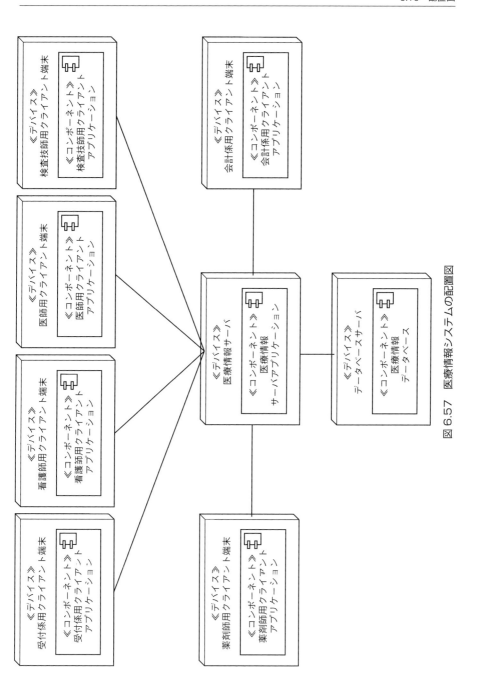

図 6.57　医療情報システムの配置図

▌3. 配置図による医療情報システムの記述例

　図 6.57 は，医療情報システムの配置図である．受付係，看護師，医師，検査技師，薬剤師，会計係のそれぞれ用のクライアント端末にクライアントアプリケーションコンポーネントを配置している．医療情報サーバのデバイスには医療情報サーバアプリケーションコンポーネントを，データベースサーバのデバイスには医療情報データベースコンポーネントを配置している．

第7章

データフロー図，ER図，ペトリネットによるシステム記述

　　本章では，情報システムの分析に用いられる，データフロー図，ER図，ペトリネットの3つを取り上げ，それぞれの概要と，これら3つのダイアグラムによるセミナ情報システムの分析，記述例を示す．データフロー図は情報システムのデータの流れに，ER図はデータベースの設計に用いられ，どちらもシステムの静的な側面を記述する．ペトリネットはシステムの動的なふるまいを記述し，主に制御系のシステムの記述に用いられるが，情報システムの分析に用いることもできる．

▮7.1　データフロー図

▮1. データフロー図の概要

データフロー図：
data flow
diagram

発生源：source

吸収源：sink

処理：process

バッファ：buffer

ノード：node

アーク：arc

　　データフロー図（データフローダイアグラム，DFDともいう）では，データ，情報，あるいは信号が扱う処理とその間をそれらが流れていく観点でシステムを記述する．データ，情報，あるいは信号の**発生源**や**吸収源**を長方形のノードとして，**処理**を丸いノードとする．また，データの蓄積を表すファイルやデータベースなどのバッファを平行な2本の線分の**ノード**として表す．ノード間に流れるデータ，情報，信号を**アーク**として表す．

　図 7.1 のデータフロー図では, T1 でデータが発生し, T2 でデータが終了, 吸収される. T1 から出るデータ D1 は, 処理 P1 に流れる. 処理は, P1 から P3 への場合と, P1 から P2 へ進みバッファ F1 にデータ D3 を保存する場合がある. 処理 P4 は, バッファF1 からデータ D4 を取り出す. P3 や P4 は, 吸収源 T2 にデータ D6 あるいは D7 を流す.

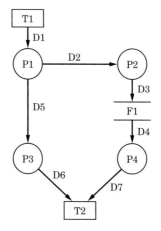

図 7.1　データフロー図

　データフロー図は, Tom DeMarco の構造化分析[1] で要求分析する技法として採用された. これは, 誰がその仕事や処理を行うかよりも, どのような処理があり, 処理と処理, 処理とバッファとの間で, どのようなデータのやりとりをしているかを綿密に把握することが主眼である. なお, DeMarco は, バッファは単純なレコードの集まりであり, バッファに対する矢印にはラベルは必要ないとしている. しかし, 本書では, 必要に応じてバッファに対する矢印にもラベルを付ける.

　データフロー図で分析する際には, 処理を列挙してそれを順序づけるのが通常の方法（構造化分析で採用されている方法）であるが, バッファの列挙から始めても効果的な場合がある.

　DeMarco のプロセスとは異なるが, 本書の著者らが推奨するデータフロー図での記述プロセスを述べる.

① ノードの列挙を次のいずれかで行う.
　・発生・吸収源を列挙する.
　・処理を列挙する.
　・バッファを列挙する.
② 順序関係がある発生・吸収源や処理同士を流れるデータを列挙しながらアークでつなぐ.
③ 入出力関係があるバッファと処理を流れるデータを列挙しながらアークでつなぐ.

▌2. データフロー図によるセミナ情報システムの記述例

　セミナ情報システムに関わるものや情報に対する処理を把握しなければならない. 互いに関係のある処理と処理はつながり, そのつながりのアークの上にものや情報が流れることを把握する.

　図7.2に, セミナ情報システムのデータフロー図を示す. このシステムにおけるデータの主な発生源と吸収源は受講者と講師である. 処理は, 受講申込, 抽選, 受講証発行, レポート課題出題, レポート作成, レポート提出, 採点依頼, 採点, 成績記入, 受講者名簿作成, 資格認定申請, 認定処理, 資格認定証発行があげられる. バッファとして, 成績原簿があげられる.

　図の上部中央に示すとおり, 受講者からデータとして科目名や開催日時などが流れて, 受講申込の処理が行われるのでアークでつなぐ. この結果, 受講申込書のデータができ, 受講者を選び, 抽選の処理が行われる. 抽選に通った受講者名が科目名とともに成績原簿に記入される. ここで出てきた順序関係がある発生・吸収源や処理同士を, 流れるデータを列挙しながらアークでつなぐ.

　成績原簿をもとにまず, 受講証が発行される. 図の上部右を見ると, 講師はレポート課題出題を行う. このレポートは, 受講者に渡される. 受講者は, レポート提出を行う. ここで出されたレポートにより, 採点依頼を通じて講師に採点依頼書が渡される. 講師は, レポートを評価し, 成績記入を行う. 科目名, 受講者名, 成績とともに成績原簿に記入される.

　図の左を見ると, 受講者は資格認定申請を行い, 認定処理や資格認定証発行が行われる. このような事務系のシステムでは, 処理を

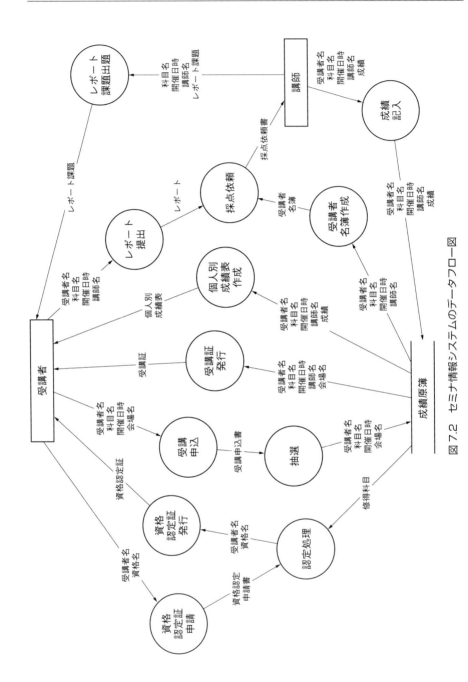

図 7.2　セミナ情報システムのデータフロー図

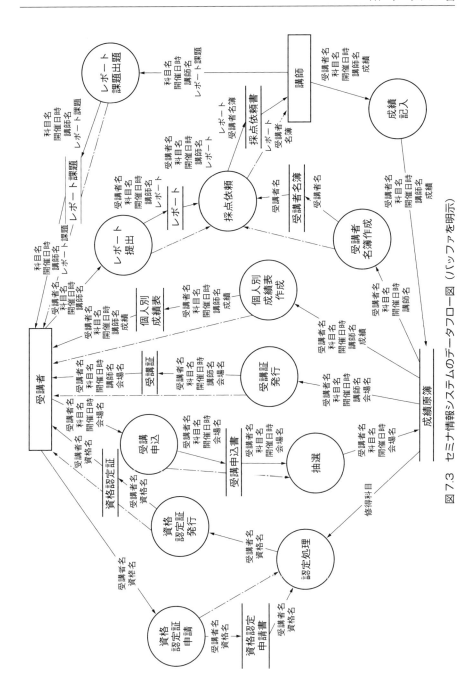

図7.3 セミナ情報システムのデータフロー図（バッファを明示）

中心に上記のようにデータフロー図を構成できるが，各種書類をバッファとして列挙しても構成できる．それらは，「資格認定申請書」，「資格認定証」，「受講申込書」，「受講証」，「個人別成績表」，「レポート課題」，「レポート」，「受講者名簿」，「採点依頼書」である．

図7.3は，図7.2の上に列挙したバッファを記述したものである．もとの図面にあった処理の流れは，一点鎖線で示されている．

本節で説明したように，通常のデータフロー図の記述を行った後に，電子化すべきデータ類をバッファとして書き込んでいくプロセスを行ってよい．また，初めからバッファとなり得るデータをすべて列挙してデータフロー図を作るのも実践的なアプローチである．

■7.2　ER図

■1. ER図の概要

ER図：
entity-
relationships
diagram

エンティティ：
entity（実体）

リレーションシップ：relationships
（関係）

ER図（エンティティリレーションシップ図，エンティティ関連図ともいう）は，システム内の構成要素と互いの論理的な関連や物理的な関連の列挙を行うために，複数の**エンティティ**とそれら相互の**リレーションシップ**を記述するダイアグラムである（例えば参考文献2），3）参照）．対象とするシステムに特徴的で，かつそのシステムの構成要素をエンティティと捉える．エンティティ間のリレーションシップは，アクセス関係，情報の共有，従属関係，時間順序などで定義する．

図7.4に，ER図の表記法を示す．エンティティの記述は，（**A**）の①に示すように，エンティティ名のみを記述する場合と，②のように，キー名や属性名も記述する場合がある．システムの構成要素の関係をおおまかに捉えたいときには①の記法を用い，より詳細な分析をしたい場合には，②の記法を用いるとよい．（**B**）の①から⑤に，エンティティの関連の記法を示す．この記述例では，エンティティとして講師と受講者があり，その間の関連を記述する．関連の線の上下には関連名を記述する．講師から見ると受講者に「講義をする」の関連名が記述され，受講者から見ると講師から「講義をされる」の関連名が記述できる．①では，1人の講師には必ず1人

の受講者が対応し，1人の受講者には1人の講師が対応することを示す．②では，1人の講師には1人以上の受講者が対応し，1人の受講者には1人の講師が対応する．③では，1人の講師に受講者がいないか，または1人の受講者が対応する．④では，1人の講師に受講者がいないか，または1人以上の受講者が対応する．⑤では，1人の講師に複数の受講者が対応し，1人の受講者にも複数の講師が対応することを示す．

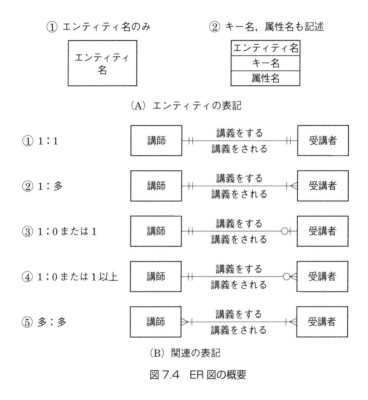

① エンティティ名のみ

② キー名，属性名も記述

(A) エンティティの表記

① 1：1　講師　講義をする／講義をされる　受講者

② 1：多　講師　講義をする／講義をされる　受講者

③ 1：0または1　講師　講義をする／講義をされる　受講者

④ 1：0または1以上　講師　講義をする／講義をされる　受講者

⑤ 多：多　講師　講義をする／講義をされる　受講者

(B) 関連の表記

図 7.4　ER 図の概要

▌2. ER 図によるセミナ情報システムの記述例

　セミナ情報システムに関わる人，もの，情報を把握する．また，それらの互いの関係を把握する．人，もの，情報をエンティティとして列挙し，それらの関係をリレーションシップとして定義する．
　セミナ情報システムの記述として，2段階の図を使ってみる．ま

ず，セミナ情報システムの分析や概要設計の段階で，業務として人の仕事を明らかにするために，ER 図を使う．次に，この中で列挙されたものや情報をさらに詳しく，ER 図で分析する．

　図 7.5 に，セミナ情報システムでの人の仕事を明らかにする ER 図を示す．まず，このシステムの主要な構成要素をエンティティとして列挙したい．このような事務系のシステムでは，エンティティは人と各種の書類である．人としては，このシステムを担当する職員が第一にあげられ，次に，受講者，講師があげられる．各種の書類は，人の間でやりとりされたり，参照されたりすることが多く，職員と受講者の間では，受講申込書，受講証，レポート，個人別成績表，会場，資格認定申請書，資格認定書が列挙できる．職員と講師の間では，受講者名簿が列挙される．講師と受講者の間には，レポート課題，レポートがある．エンティティの中には，人の間ではやりとりされないが，いずれかの人が使うものがある．このシステムでは，職員が使う成績原簿がある．また，講師が使うスタジオがある．

　システム内部のリレーションシップ，すなわちこの例では，人や各種書類の関係を順次列挙する．このシステムでは，人と人の間に書類が存在しているので，人がそれらの書類をどのようにアクセスしているかを記述すればよい．

　受講申込書，資格認定申請書は受講者が記入し，職員が受け取る．個人別成績表，資格認定証はこの逆である．受講者名簿は職員が作成し，講師はこれを参照し，レポートの結果を記入．職員はこれを参照する．その後，事務職員は成績原簿に成績を記入する．そのほか，レポートやレポート課題についても記述される．

　以上の例は，セミナ情報システムの分析や概要設計の段階で ER 図を使った．この例では，業務として人の仕事を明らかにすることが主要な作業であり，ER 図はこのようになった．

　設計が詳細に進むと，システムを計算機上に実装することを意識するので，人よりも各種書類と互いのリレーションシップを詳しく分析し，さらに各種書類に書くべき項目を詳しく列挙していく．その項目もエンティティとして考え，項目間のアクセス関係をリレーションシップと考えて，全体として ER 図を記述する．図 7.6 には，

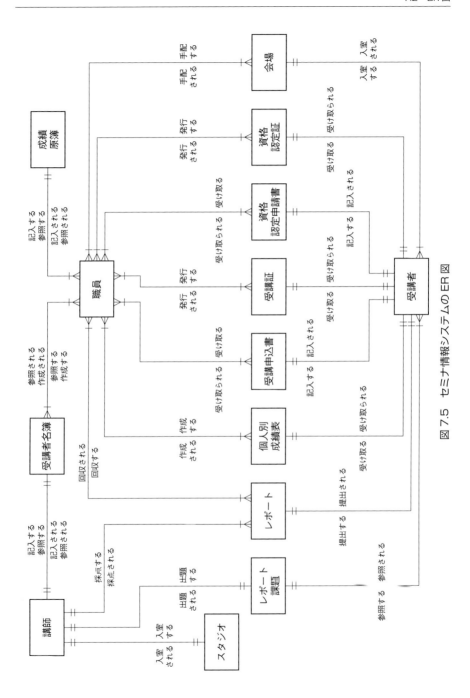

図 7.5 セミナ情報システムの ER 図

このより詳細な ER 図を示す.

　図 7.6 の下部に示すとおり, 受講者エンティティを考える. このエンティティから, 受講申込書, 資格認定申請書, レポート, 会場のエンティティは, 受講者の側からのアクセスとしてつながる. レポート課題, 受講証, 個人別成績表, 資格認定証のエンティティは, 受講者の側から参照されたり, 受け取られる形式でつながる.

　新しく考えたエンティティとして, 図中央の開催科目がある. これは, 職員が開催を決定したときに生成されるエンティティで, スタジオや会場と 1 : 1 でつながる. さらに講師ともつながり, また, 受講申込のエンティティからもつながる. このシステムでは, 受講希望者が多数の場合, 抽選することで受講者を決定する. そこで, 受講申込書を作った段階では, 科目を受講することは決定しておらず, 抽選の結果, 科目を受講できることが決まると受講申込が作成される. したがって, 1 つの受講申込書に対して受講申込は作られないこともあるため, ここでは 1 : 0, または 1 の関連となる. 作成された受講申込を科目別に集めたものは, 受講者名簿となり, 講師とつながる. 受講申込には, その受講者の受講科目についての成績を記録する成績明細がつながる. その成績明細を科目ごとに集めたものが科目別成績表であり, 受講者ごとに集めたものは個人別成績表となる.

　セミナを受講すると, 単位を修得した科目によって資格を得ることができる. そこで, 資格認定申請書と資格認定証がある. 資格認定証は, 個人の成績と関連があり, その成績によっては認定されないこともあるため, 1 つの資格認定証に対して 0, または 1 の関連がある. 資格認定の申請は, 人によってまったくしなかったり, 数種類の資格を申請したりすることもあるので, 1 人の受講者に対して資格認定申請書は 0, または 1 以上の関連がある.

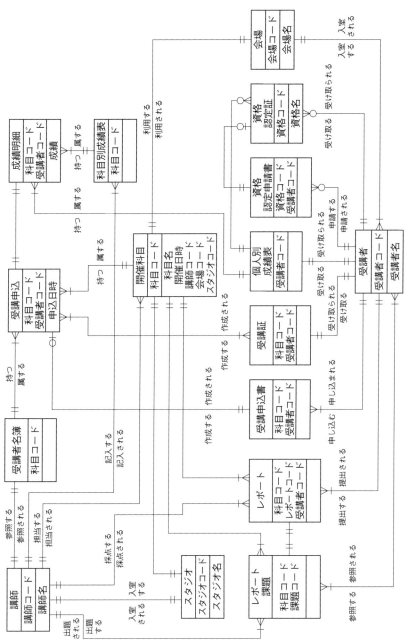

図 7.6 セミナ情報システムの詳細な ER 図

■ 7.3　ペトリネット

■ 1. ペトリネットの概要

ペトリネット：
petri net

　ペトリネットでは，ものや情報が処理されていく過程で，それらのものや情報を処理する主体との待合せ，同期，競合を把握する観点でシステムを記述する．

プレース：place

トランジション：
transition

アーク：arc

トークン：token

　ペトリネットは，**プレース，トランジション，アーク，トークン**の 4 つの要素から構成される（例えば参考文献 4）を参照）．プレースは何らかの仕事が始まり，行われ，それが終了する状態を表し，トランジションは次の動作を起こす事象を表すノードである．アークはこの 2 種類のノードを結んでいる．トークンはプレースの中に置かれ，ペトリネットの実行はその位置と動きによって制御される．

　図 7.7 を使ってペトリネットの構造と動きを説明する．図に示すとおり，プレース同士，トランジション同士はアークで直接つながらず，必ずプレースの次はトランジション，トランジションの次はプレースというつながり方になる．図（a）のように p1 にトークンがいることは，何らかの仕事が始まり，遂行され，終了する状態を表している．何らかの事象としてトランジション t1 が生起すれば，（b）のとおりトークンが p2 と p3 に移動する．これは，2 つの仕事が p2 と p3 で始まったことを表す．仕事が終了すれば

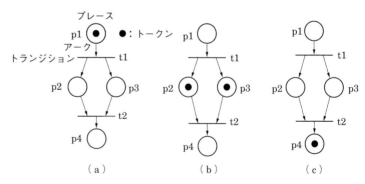

図 7.7　ペトリネットの構造と動き

事象 t2 が起きて，（c）のようにトークンが 1 つになって p4 に移動する．

　図（a）から（b）に推移することは，いずれか一方への分岐ではない．p2 と p3 の両方に分流する．これはフォークする，あるいはスプリットすると呼ばれ，仕事を並列に遂行することを示す．（b）から（c）へ推移することは，トークンが同期をとって 1 つに合流する．これはマージすると呼ばれ，ペトリネットはこのように並列性や同期を表すのに適している．

　図 7.8 は，推奨できないペトリネットである．並列性も同期も存在しないペトリネットで書ける対象システムは状態遷移図で十分である．分析したり，仕様化したい対象システムやその特性に応じ，使うダイアグラムを正しく選択することが重要である．

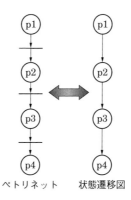

ペトリネット　　状態遷移図

図 7.8　推奨できないペトリネット

ペトリネットの記述の指針を明らかにしておく．

① システムで処理を受けるもの（トランザクション的なトークンと呼んでおく）をトークンと考えて，その動きを順次プレースとトランジションの上に書いてつなぎ，ペトリネットを記述する．途中 2 つ以上にフォークすることもあり，その先で同期したり合流することがある．

② 複数種類のトランザクションのペトリネット記述が，途中で同期したり合流することがある．

③ システムで処理をするもの（サーバ的なトークンと呼んでお

く）もトークンと考えて，その動きを順次トランジションの上に
書いてつないでいく．サーバは仕事を繰り返すので，サーバのペ
トリネット記述は多くの場合ループする．

④　トランザクションのペトリネット記述とサーバのペトリネット
記述が同期をしたり合流することがある．その先で，またトラン
ザクションとサーバの動きに分流，フォークする．

図 7.9 に，2 つの PC で 1 台のプリンタを共有するシステムのペ
トリネットによる記述例を示す*．PC A と PC B のいずれかのト
ークンが p2 あるいは p5 に来たとき，早く来たほうがプリンタの
p7 にあるトークンと同期をとり，マージして，t1 あるいは t2 が生
起して，印刷が始まる．終わればトークンは 2 つに分流，スプリ
ットする．1 つのトークンは，p3 か p6 の PC 内における次の仕事
に進み，もう 1 つのトークンはプリンタが印刷可能であることを
示す p7 に戻り，p1 か p4 にある印刷待ちのトークンとマージする．
このように，プリンタなどの資源の競合回避をペトリネットで記述
できる．

*この例は，文献
4) の 4.1.3 節をも
とにして展開した．

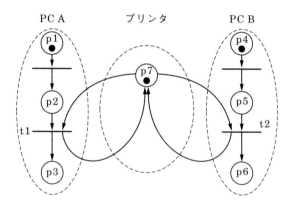

図 7.9　2 つの PC で 1 台のプリンタを共有するシステムの
ペトリネットによる記述例

ここで，現在述べたペトリネットの記述の指針との関係でこの例
題を説明する．PC 側にあるトークンは PC で処理されるトランザ
クションと考えればよい．このトランザクションの動きを，指針の
①，②に沿って記述する．この場合，PC 内ではフォーク，同期，

合流はなかった．サーバとしてプリンタをコントロールするものを捉える．これを表すトークンが p7 にあるとき，プリンタは印刷可能な待ち状態にあることを示す．指針の④にあるとおり，プリンタの使用を要求する PC 側のトランザクション（トークン）と合流，同期，フォークする．

▌2. ペトリネットによるセミナ情報システムの記述例

ものや情報が処理されていく過程で，それらのものや情報を処理する主体との待合せ，同期，競合を把握しなければならない．

図 7.10 は，セミナ情報システム業務の流れのうち，セミナ開催計画から受講者募集の一連の作業の流れが記述されている．列挙されるトランザクション的トークンは，セミナ開催計画である．これは，場所手配，講師依頼，受講者募集のトランジションを順次通過する．サーバ的なトークンは職員である．これらは，個々のトランジションにつながれる．これは，職員が1つ1つの業務を遂行していくことを示す．講師依頼は，講師が依頼受諾するトランジションを通過しない限り，終了できないことが図の右部で示されている．

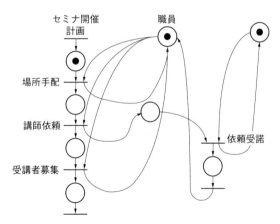

図 7.10　セミナ情報システムのペトリネット（セミナ開催計画）

図 7.11 は，受講の申込から受講証の受領までの一連の作業の流れが記述されている．受講希望者のトランザクション的トークンは，受講申込から受講証受領までの一連の仕事を行う．

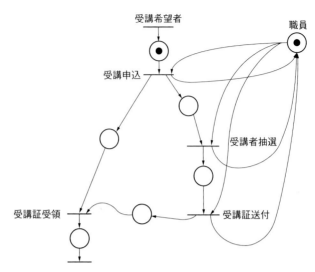

図 7.11　セミナ情報システムのペトリネット（受講申込）

　職員を表すサーバ的なトークンは，受講申込に関わり，受講者抽選を行い，受講証送付を行う．受講証受領のトランジションを見ると，受講証が送付されないと受講希望者の作業が完了しない．抽選で落ちた場合は，受講証送付のトランジションで，その旨，受講希望者に伝えられる．

　図 7.12 は，講義開催から成績送付までの一連の作業の流れが記述されている．講師は，スタジオ入室，ライブ講義，スタジオ退室，レポート課題出題，レポート採点，採点結果送付などの一連の作業を行う．受講者は，会場入室，ライブ受講，会場退出，レポート作成，レポート提出，個人別成績表受取りなどの一連の作業を行う．講師と受講者は，ライブ講義，ライブ受講で同期をとること，受講者がレポートを作成する際に講師からレポート課題の出題を受けることが，図の上部に記述されている．職員は，レポートの受取り，採点依頼，採点結果回収，原簿に成績記入，個人別成績表送付の一連の作業を行う．採点依頼のトランジションからは，講師のレポート採点のトランジションへプレースを介してトークンが送られ，講師の採点終了でトークンが講師から職員へ送られる．図の下部で示すとおり，個人別成績表は職員から待っている受講者へ送られる．

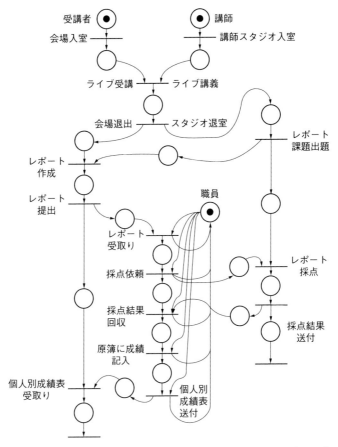

図 7.12 セミナ情報システムのペトリネット（講義から成績評価まで）

　図 7.13 は，資格認定処理での一連の作業の流れが記述されている．認定希望者は，認定申込から認定証の受領（あるいは認定不可通知受領）までの一連の作業を行う．職員は，認定申込を受け，認定処理，認定証の送付を行う．以上の例では，職員が 1 名ずつしかいないと仮定されている．もし複数名存在するときは，該当のプレースにその人数分のトークンを記入しておけばよい．例えば，教務課の職員のトークンが 2 個あれば，同時に 2 つの仕事が可能である．

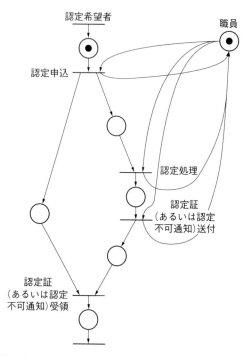

図 7.13　セミナ情報システムのペトリネット（資格認定）

第8章

IDEFによる
システム記述

IDEF：Integration
Definition
Language

BPR：Business
Process
Reengineering

IDEF ファミリ：
IDEF family of
methods

SADT：
Structured
Analysis and
Design
Technique

　IDEFとは，業務分析，業務見直し，およびシステム設計のために用いられる，ダイアグラム表現によるモデリング手法である．またIDEFは，BPRを実践するための業務分析手法としても知られている．IDEFは１つの手法ではなく，IDEFファミリと呼ばれる一連の手法群[1] を指す．IDEFの歴史は古く，一般にIDEF0として知られるSADT[2] が開発されたのは1970年代である．当時，国内でもソフトウェア工学の分野を中心に，システムの設計や仕様記述手法としてのIDEF0/SADT が主に議論された[3]．

　本章では，IDEF0とIDEF3を取り上げる．

8.1　IDEF0の概要

　IDEF0 では，入力を出力に変換するアクティビティ（図 8.1 のボックス）の集合として，業務プロセスをモデル化する．アクティビティは，サブアクティビティに分割して階層化ができる（図 8.2）．

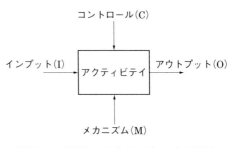

図8.1　IDEF0のアクティビティとICOM

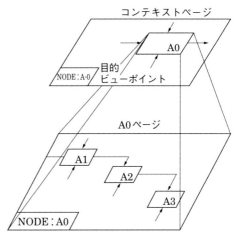

図8.2　アクティビティの階層

　アクティビティの遂行に関与するもの（things）を，ICOM（アイコム）と呼ぶアローで表す．ICOMは，アクティビティに対するインプット（input），コントロール（control），アウトプット（output），メカニズム（mechanism）のそれぞれの頭文字を取ったものであり，アクティビティのボックスに接続する辺の位置で区別する．アクティビティは，メカニズム（下辺）を用いてコントロール（上辺）の指示のもとに，入力（左辺）を出力（右辺）に変換する．

　ICOMとして表現されるものはデータや情報ばかりではない．業務プロセスで記述しなければならないすべての"もの"，例えば

計画，ドキュメント，組織，人，図面，予測，見積り，ツール，原材料，製品などを含む．

以下，IDEF0 による記述について，注意しなければならないことを述べる．

(a) ビューポイントの制御

IDEF0 では，単一のビューポイントで問題の対象（スコープ）を絞りこむ．すなわち，1 つの IDEF0 モデルは，1 つの組織，人，装置などの視点に立って作成されるシングルビューポイントのモデルである．複数のビューポイントが混在すれば，モデルが必要以上に大規模化してしまう．

ビューポイントを 1 つに固定しながらモデルを詳細化するときに，モデル作成者は，アクティビティの直近から判断されるビューポイントと，モデル全体のビューポイントを絶えず区別しなければならない．モデル全体のビューポイントは，階層（図 8.2）のトップレイヤ（コンテキストページ）に明示される．

アクティビティの直近のビューポイントは，アクティビティに書かれる動詞，または動詞句の主語として連想され，名前付けされる．これは，IDEF0 が ICOM 駆動で作成されるためである．すなわち，IDEF0 では箱を置いてからアローを描くのではなく，アローの候補をデータリストとしてまずリストアップする．これは，"もの"である ICOM がアクティビティに比べて具体的なのでリストアップしやすいとされるためである．

1 つのアクティビティの直近の ICOM から異なる 2 つの動作主体が導出され，ビューポイントのまったく異なるモデルとして詳細化が進んでいくことがある．図 8.3 の例では，モデル作成者（オーサ）が，切符の自動販売機，切符購入者のどちらの視点を想定するかによってまったく異なるモデルとなることは明らかであろう．

IDEF0 では視点を 1 つに固定して，アクティビティを分解することが重要である．複数の視点が混在すると，アクティビティの数が膨大になる．視点が 1 つに固定されたモデルは，40 個程度のアクティビティで構成されるといわれる．

(b) ICOM のネーミング

IDEF0 によるモデリングでは，ICOM の適切な名前付けが重要

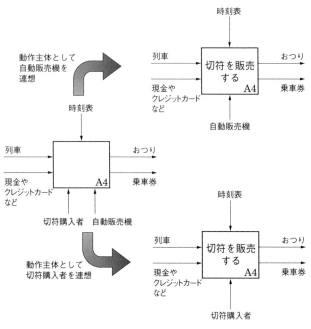

図 8.3　異なる視点での分割

である．同じ「乗車券」でも物理的な紙片であるか，その情報内容であるかを ICOM のラベルだけで判断するのは難しい．IDEF0 では**用語集**を用意したり，修飾語を ICOM に追加したりすることでこれに対応する．例えば，図 8.3 では「切符」を自動販売機の視点で読み取れば，物理的な紙片として，切符購入者の視点では切符のもつ情報として解釈されることが考えられる．

用語集：
glossary

(c) 入力とコントロールの区別

モデル化の過程では，入力とコントロールの区別が問題になることが多い．これは，個々の ICOM をアクティビティが変換しているか否かを判断することが難しいためである．これは多くの場合，リストアップされた ICOM があいまいであることによる．例えば，図 8.3 では列車名を制約として捉えてコントロールに配置することも考えられる．その場合も単なる「列車名」ではなく，「列車の時刻制約」などの具体的な名称とする必要がある．

■8.2　IDEFOによるセミナ情報システムの記述例

　　セミナ情報システムでは，組織，人（講師，職員，受講者），ア
クティビティ（科目設定，成績処理など）の関係，書類（成績表，
受講者名簿など）の流れ，制約（セミナ日程など）を分析しなけれ
ばならない．ここで，制約とはアクティビティの依存関係を規定す
るものに限る．制約には，スケジュール，イベント，条件が含まれ
るが，リアルタイムシステムなどに必要なシビアな同期処理などに
関わるものは含まれない．

　　図8.4に示すのは，セミナ会社のセミナ情報システム業務のう
ち，職員が行うセミナの企画からセミナ受講希望者の受講申込の集
計・抽選作業，個人別成績表や資格認定書を発行するまでのアクテ
ィビティの最上位の記述A-0である．この一連の業務の入力とし
て，受講申込書と資格認定申請書が列挙されている．また，出力は
抽選漏れ通知もしくは受講証，個人別成績表，資格認定証，更新さ
れた成績原簿である．入出力とも成績原簿以外は，受講者からの入
力および受講者への出力である．このアクティビティを制約するコ
ントロールは，セミナ日程である．また，アクティビティを遂行す
るメカニズムは，講師と職員である．

　　アクティビティA0を階層的に，詳細にブレークダウンしたのが
図8.5である．アクティビティA0は，A1の「科目設定を行う」か

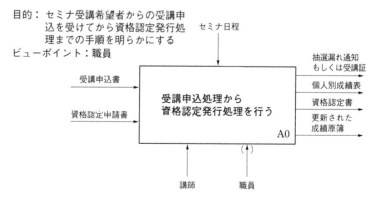

図8.4　セミナ情報システムのIDEFO：A-Oレベル（セミナ会社の業務）

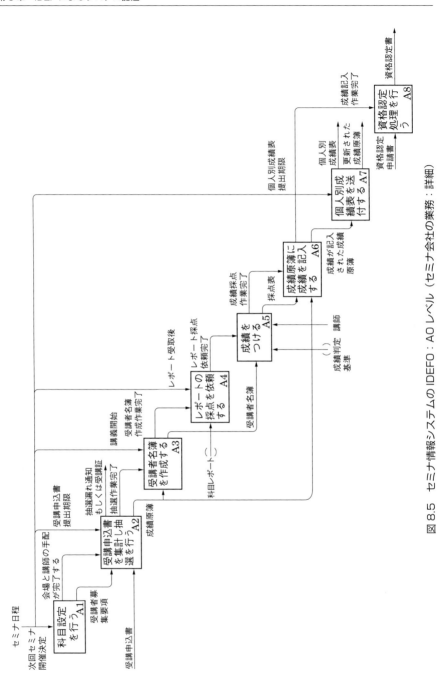

図 8.5　セミナ情報システムのIDEF0：A0レベル（セミナ会社の業務：詳細）

ら A8 の「資格認定処理を行う」まで 8 個のアクティビティにブレークダウンされる．コントロールのセミナ日程も分割され，個々のアクティビティを起動するよう具体的なセミナ日程，例えば受講申込書提出期限，講義開始などに展開される．アクティビティ**A0** にあった入力は，アクティビティ**A2** と **A8** の入力となっている．**A4** への入力である科目レポートは，**A-0** のアクティビティ**A0** には現れていない．これらは，ブレークダウンされた **A0** レベルの IDEF0 記述で認識され，導入されたものであり，このような場合はアローテールに「()」を付けて表現する．

　成績原簿のように更新されるデータベースは，アクティビティの入出力に明記すべきである．**A3** と **A5** でやりとりされる受講者名簿は，この分割されたアクティビティ間で閉じているものであり，**A-0** レベルには表現されていない．**A0** レベルでは明記していないが，職員は **A0** レベルのすべてのアクティビティを遂行する．このような場合には，**A-0** レベルで「()」を付けて表現する．また，このレベルのみに出てくるメカニズムとして成績判定基準がある．

■8.3　IDEF0 による医療情報システムの記述例

　図 8.6 に示すのは，病院業務のうち患者が来院してから会計を行うまでの病院での診察のアクティビティにおける最上位の記述 **A-0** である．このアクティビティの入力として，診察カードと患者が列挙されている．また，出力は患者，カルテ，薬である．

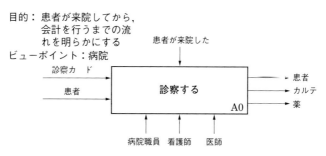

図 8.6　医療情報システムの IDEF0：A-0 レベル（診察）

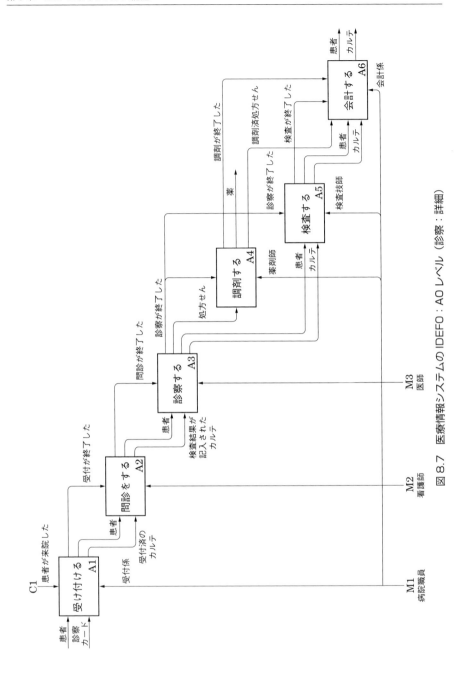

図 8.7　医療情報システムの IDEF0：A0 レベル（診察：詳細）

　アクティビティ A0 をコントロールするものは，患者が来院したというイベントである．アクティビティを遂行するメカニズムとして，病院の職員，看護師，医師がある．

　アクティビティ A0 を階層的，詳細にブレークダウンしたのが，図 8.7 である．アクティビティ A0 は，A1 の「受け付ける」から A6 の「会計する」までの 6 個のアクティビティにブレークダウンされる．コントロールは，この分割された個々のアクティビティを起動するように詳細化される．患者が来院したという A1 へのコントロールとなるイベントの終了後，具体的なイベント，例えば受付が終了した，問診が終了した，診察が終了したなどのように上流のアクティビティから下流のアクティビティを起動するイベントが記述される．アクティビティ A0 への 2 種類の入力は，アクティビティ A1 への入力となっている．連続するアクティビティの間ではさまざまなもの，例えば受付済みのカルテ，処方せんなどが入出力されている．

　アクティビティ A0 のメカニズムの中の病院職員は，A0 レベルでは，薬剤師，検査技師，会計係に展開されている．

■ 8.4　IDEF3 の概要

シナリオ：
scenario

　システム開発における要求分析や設計では**シナリオ**を用いるアプローチが見られるようになってきた．IDEF3（Process Description Capture）[4] は，プロセスのフローとプロセスに関与するオブジェクトの 2 側面でシナリオを捉えることができる．

描写：description

　IDEF3 は，業務エキスパートが述べたことを**描写**として獲得する．描写という用語を用いるのは，IDEF3 が業務エキスパートの知識を獲得することを重視しているためである．描写は，業務のエキスパートがそうであると信じていることや，意見などが含まれていてよい．IDEF3 は，業務プロセスの流れ（プロセスフロー）と，そこに関与するオブジェクトとその状態遷移（オブジェクト状態遷移）の 2 つの側面で，シナリオに構造化表現を与える．

1. プロセスフローネットワーク

プロセスフローネットワーク（**PFN**）は，プロセスの流れを表現する．図 8.8 に PFN の例を示す．PFN は，**UOB** とジャンクションの 2 種類の箱をリンク（Link）で接続して構成する．UOB は，汎用の情報パケットであり，ファンクション，プロセス，シナリオ，アクティビティ，操作，意思決定，アクション，イベント，手続きなどの概念を総称したものである．PFN では，UOB を番号とラベルの付いたボックスで表現する．

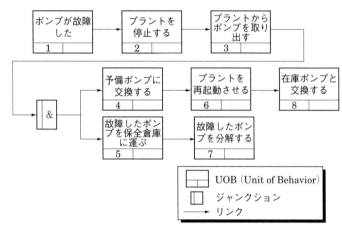

図 8.8　プロセスフローネットワーク

PFN は，階層構造をとることができる．また，1 つの UOB に対して複数の視点（ビューポイント）から分割を行って，その UOB と関連付けることができる．

PFN の分流と合流のロジックは，ジャンクションで表現する（表 8.1）．

2. オブジェクト状態遷移ネットワーク

オブジェクト状態遷移ネットワーク（**OSTN**）は，シナリオに関与するオブジェクトの状態遷移図の集合である．個々のオブジェクトの状態遷移図をオブジェクト状態遷移図（**OSTD**）と呼ぶ．図 8.9 に OSTD の例を示す．これは，図 8.8 の PFN に関与するメ

表 8.1　PFN で用いるジャンクションシンボル

ジャンクション名称	シンボル	分流ジャンクションとして用いるときの意味	合流ジャンクションとして用いるときの意味
非同期 AND	&	後続するプロセスすべてがスタートする	先行するプロセスすべてが終了しなければならない
同期 AND	&	後続するプロセスすべてが同時にスタートする	先行するプロセスすべてが同時に終了する
非同期 OR	O	後続するプロセスのうち1つ以上がスタートする	先行するプロセスのうち1つ以上が終了する
同期 OR	O	後続するプロセスのうち1つ以上が同時にスタートする	先行するプロセスのうち1つ以上が同時に終了する
非同期 XOR	X	後続するプロセスのうち1つだけがスタートする	先行するプロセスのうち1つだけが終了する

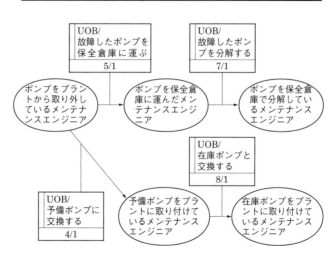

図 8.9　オブジェクト状態遷移図

ンテナンスエンジニアのオブジェクトの OSTD である．OSTD を用いることで，オブジェクトの観点からシナリオを描写できる．図8.9 では，円が「メンテナンスエンジニア」オブジェクトの状態を示している．図では，次項で説明するレファレント（ボックス）を

用いて **PFN** との関係を明示している．レファレントは，状態遷移する際に **UOB** が関与するタイミングを示している．

3. レファレント

レファレントには，**PFN** と **OSTD** との関係を明示するだけでなく，ほかのさまざまな機能がある．以下にレファレントの機能を列挙する．

- ・ダイアグラムを複数のページに展開する．
- ・**PFN** で **GOTO** 文を用いるとき，そのラベルとして用いる．
- ・既に定義した **UOB** を再び定義を繰り返さずに参照する．
- ・**UOB** に特定のオブジェクトが関与していること，または関係があることを強調して示す．
- ・**PFN** や **OSTN** で参照している具体的なデータ，またはオブジェクトを関連付ける．
- ・ジャンクションを説明する詳述文書（エラボレーション）と関連付ける．
- ・プロセスフローダイアグラムと **OSTN** ダイアグラムとの間を相互に参照，もしくは結合する．

図 8.10 にレファレントの表記を示す．レファレントには，**無条件レファレント**，**同期レファレント**，**非同期レファレント**がある．

OSTD では，同期・非同期のレファレントを用いて **PFN** の **UOB** を参照し，**PFN** との関係を示すことが多い．同期レファレントの場合，参照している **UOB**（図 8.9 では故障したポンプを保全倉庫に運ぶ）が終了しないと，状態遷移（図 8.9 では故障したポンプを保全倉庫に運んだメンテナンスエンジニア）が起こらないことを示す．これに対して，非同期レファレントは，参照している **UOB**（故障したポンプを分解する）が終了していなくても，状態遷移（故障したポンプを分解しているメンテナンスエンジニア）が起こることを示している．

4. さまざまなテキスト表現

IDEF3 では，シナリオを **PFN** と **OSTN** の 2 種の図式表現を用いて描写するが，これらだけでは描写内容全体を把握することは難

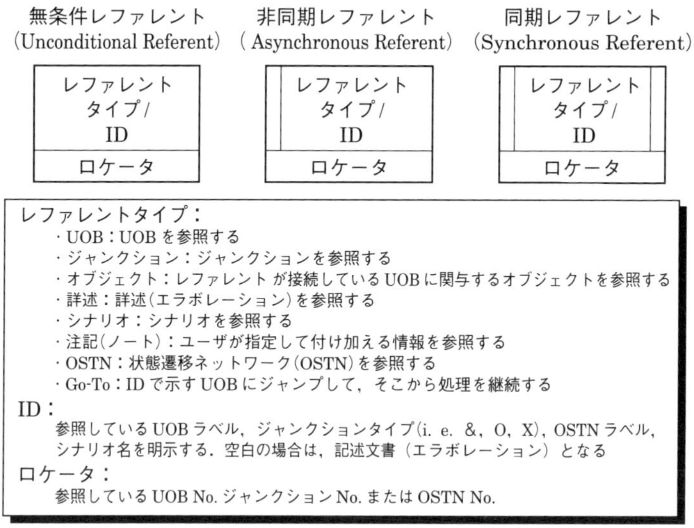

無条件レファレント　　　　　非同期レファレント　　　　　同期レファレント
（Unconditional Referent）　（Asynchronous Referent）　（Synchronous Referent）

レファレント タイプ / ID
ロケータ

レファレント タイプ / ID
ロケータ

レファレント タイプ / ID
ロケータ

レファレントタイプ：
　・UOB：UOB を参照する
　・ジャンクション：ジャンクションを参照する
　・オブジェクト：レファレント が接続している UOB に関与するオブジェクトを参照する
　・詳述：詳述（エラボレーション）を参照する
　・シナリオ：シナリオを参照する
　・注記（ノート）：ユーザが指定して付け加える情報を参照する
　・OSTN：状態遷移ネットワーク（OSTN）を参照する
　・Go-To：ID で示す UOB にジャンプして，そこから処理を継続する
ID：
　参照している UOB ラベル，ジャンクションタイプ（i. e. &，O，X），OSTN ラベル，
　シナリオ名を明示する．空白の場合は，記述文書（エラボレーション）となる
ロケータ：
　参照している UOB No. ジャンクション No. または OSTN No.

図 8.10　レファレントの種類

詳述文書：
elaboration
document

リンク仕様書：
link specification
document

OSTN 説明用紙：
OSTN
description form

OSTD 説明用紙：
OSTD
description form

しい．このため，**詳述文書**を用いて，UOB に関する詳細情報をテキスト表現で補完できる．また，**リンク仕様書**，**OSTN 説明用紙**，**OSTD 説明用紙**などのテキスト表現でダイアグラムを補完することがある．

■8.5　IDEF3によるセミナ情報システムの記述例

　図 8.11 に示すのは，セミナ情報システムのプロセスフローネットワークである．受講者，講師，セミナ会社全体それぞれの行動や関連している作業や処理の流れが，リンクで結合した UOB で表現されている．

　プロセスフローネットワークを作成する場合，一度に全体を書くのではなく，個々の役割ごとに，おおまかな処理や作業の流れに対して UOB を１つずつリンク（実線アロー）で結び，１本ずつフローとして表現する．例えば，受講者に着目し，受講申込を行う，ライブ講義を受講する，レポートを作成し提出する，個人別成績表を

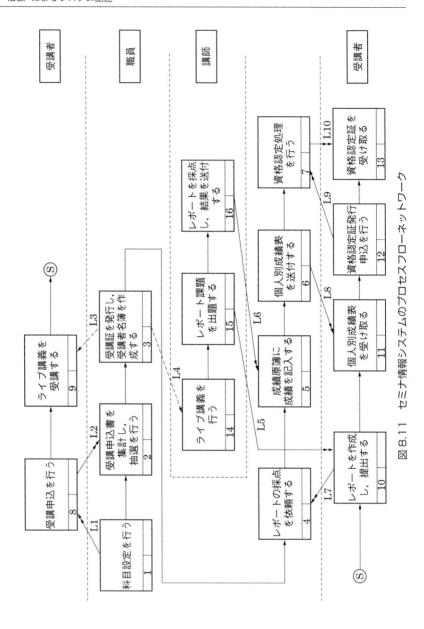

図 8.11　セミナ情報システムのプロセスフローネットワーク

受け取る，資格認定証発行申込を行う，資格認定証を受け取るなど
の一連の流れを表現する．その後，セミナ会社全体から見た流れを
作成する．これが科目設定を行う，受講申込書を集計し抽選を行
う，受講証を発行し受講者名簿を作成する，レポートの採点を依頼
する，成績原簿に成績を記入する，個人別成績表を送付する，資格
認定処理を行う，という図 8.11 中央部に示す一連の流れとなる．
受講者とほかの境界は，スイムレーンと呼ぶ破線で示す．

　個々のプロセスフローを作成し，UOB 間の関係を分析すること
によって各プロセスフローを結合して全体のプロセスフローネット
ワークを作成する．図 8.11 のプロセスフローネットワークは，3 つ
のプロセスフローが結合したものである．どのように結合するかは，
UOB 詳述文書（エラボレーション）を作成して判断する．図 8.12
に UOB「科目設定を行う」の詳述文書を示す．詳述文書には，お
おまかな流れとして捉えた各 UOB に関わる細かな情報をオブジェ
クト，事実，制約，説明の各カラムとして記入していく．結合する
相手の UOB の各カラムと比較して，オブジェクトの流れがあれば
オブジェクトフローリンク（2 重の矢尻のアロー）で結合する．制

詳述文書（Elaboration Document）

UOB ラベル：科目設定を行う．

UOB 番号：1

オブジェクト（Objects）：
講師，受講者，セミナ会社，セミナ会場，
開催日時，講義概要，講師依頼書，募集
要項，遠隔講義スタジオ．

事実（Facts）：
セミナ会社がセミナを企画する．セミナ
の開催日時，講義概要，講師を設定する．
受講者募集要項を作成する．

制約（Constraints）：
受講申込受付開始日までに，セミナの詳
細情報を決定し，募集要項を掲示しなけ
ればならない．

説明（Description）：
セミナの場所設定，講師依頼，受講者募
集を行い，科目設定を行う．

図 8.12　UOB「科目設定を行う」の詳述文書

リンク仕様書（Link Specification Document）

リンク番号（Link Number）：L1

リンクタイプ（Link Type）：オブジェクトフローリンク

始点（Source(s)）：	終点（Destination(s)）：
科目設定を行う.	受講申込を行う.

オブジェクト（Object(s)）：

募集要項，受講申込書，受講者，職員

事実（Fact(s)）：

セミナ会社は企画したセミナの詳細を記した募集要項を掲示する．受講者は募集要項を参照して，受講申込を行う．

制約（Constraint(s)）：

受講申込受付には期限がある．

説明（Description）：

受講希望者がセミナ会社へ受講申込書を提出する．

図 8.13　オブジェクトフローリンク（L1）のリンク仕様書例

リンク仕様書（Link Specification Document）

リンク番号（Link Number）：L3

リンクタイプ（Link Type）：関係リンク

始点（Source(s)）：	終点（Destination(s)）：
受講証を発行し，受講者名簿を作成する.	ライブ講義を受講する.

オブジェクト（Object(s)）：

受講者名簿，セミナ開催日時，セミナ受講場所，講義概要，講師，受講者，受講証

事実（Fact(s)）：

受講者名簿を受け取った講師は講義概要に従い，講義を行う．受講証を受け取った受講者は各受講場所で講義を受ける．

制約（Constraint(s)）：

セミナ開催の日程は決まっている．受講証を持っている人だけが講義に参加できる．

説明（Description）：

講師による講義を，セミナ受講者は各受講場所にて受講する．

図 8.14　関係リンク（L3）のリンク仕様書例

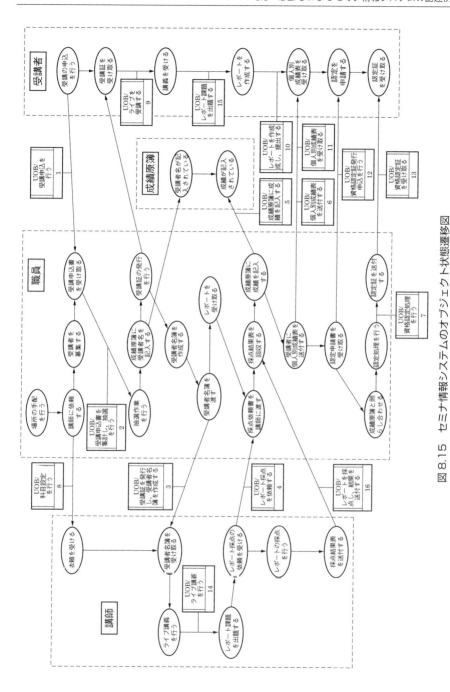

図 8.15 セミナ情報システムのオブジェクト状態遷移図

約などの関係があれば関係リンク（破線のアロー）で結合する．リンクの内容の詳細は，詳述文書と同様にオブジェクト，事実，制約，説明の各項目をリンク仕様書で記述する．オブジェクトフローリンクのリンク仕様書の例を図 8.13，関係リンクのリンク仕様書の例を図 8.14 に示す．

図 8.15 にオブジェクト状態遷移図を示す．ここでは，プロセスフローに関与しているオブジェクト（職員，講師，受講者，成績原簿）の各状態の遷移を示す．このとき，状態の変化しないオブジェクトは考慮しなくてよい．

この図では，1 つのオブジェクトのとる状態遷移の範囲を破線で囲って示している．その後，プロセスフローネットワークに現れる各 UOB との関係をレファレントとして記入する．UOB は，2 つのオブジェクトを横断する状態の遷移条件として捉えることができる．例えば，レファレント「UOB/受講申込を行う」は，この UOB が遷移条件となって受講者オブジェクトの「受講の申込を行う」状態から職員オブジェクトの「受講申込書を受け取る」状態に遷移している．

8.6　IDEF3による医療情報システムの記述例

図 8.16 に示すのは，医療情報システムのプロセスフローネットワークである．患者と病院それぞれの行動や関連している作業や処理の流れが，リンクで結合した UOB で表現されている．

プロセスフローネットワークを作成する場合，一度に全体を書くのではなく，個々の役割ごとに，おおまかな処理や作業の流れに対して UOB を 1 つずつリンク（実線アロー）で結び，1 本ずつフローとして表現する．ここではまず，病院全体に着目し受け付ける，問診する，診察する，調剤する，検査する，会計する，という一連の流れを表現する．この例では，調剤と検査は並列的，もしくは選択的に行われることがジャンクションで表現されている．その後，患者から見た流れを作成している．これが診察カードを渡す，問診を受ける，診察を受ける，薬を受け取る，検査を受ける，代金を支

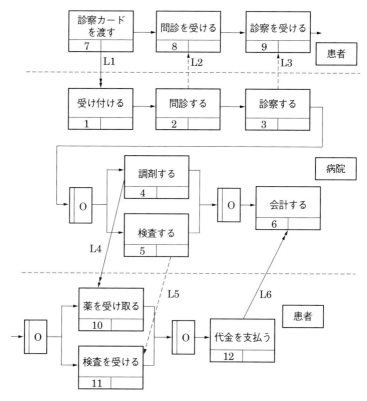

図 8.16　医療情報システムのプロセスフローネットワーク

払うというフローになっている．病院と患者のフローの境界はスイムレーン（破線）で示している．

　個々のプロセスフローを作成し，UOB 間の関係を分析することによって，各プロセスフローを結合して全体のプロセスフローネットワークとする．図 8.16 のプロセスフローネットワークは，患者と病院の 2 つのプロセスフローが結合したものである．図 8.17 と図 8.18 にリンク仕様書示す．前者は，UOB「診察カードを渡す」と「受け付ける」との関係を分析し，診察カードにおけるオブジェクトに注目し，オブジェクトフローリンク（2 重の矢尻のアロー）で表現したものである．後者は，患者と病院との間にある「診察を受ける」と「診察する」の関係を表現している．これは具体的なオ

リンク仕様書（Link Specification Document）

リンク番号（Link Number）：L1

リンクタイプ（Link Type）：オブジェクトフローリンク

始点（Source (s)）：　　　　　終点（Destination(s)）：
診察カードを渡す．　　　　　受け付ける．

オブジェクト（Object (s)）：
患者，診察カード，受付係，カルテ

事実（Fact(s)）：
患者は病院に来院した後に，診察カードを受付係に渡し，
受付係は患者のカルテを探す．

制約（Constraint(s)）：
患者が来院した．

説明（Description）：
患者から受付係へ診察カードが渡される．

図 8.17　オブジェクトフローリンク（L1）のリンク仕様書例

リンク仕様書（Link Specification Document）

リンク番号（Link Number）：L2

リンクタイプ（Link Type）：関係リンク

始点（Source (s)）：　　　　　終点（Destination(s)）：
問診をする．　　　　　　　　問診を受ける．

オブジェクト（Object (s)）：
患者，看護師，カルテ，病院職員

事実（Fact(s)）：
看護師が患者に対して問診作業を行い，検査結果をカルテ
に記入する．

制約（Constraint(s)）：
患者の問診を行い，病状を把握する．

説明（Description）：
看護師が患者から病状を聞いたり，検査を行ったりする．

図 8.18　関係リンク（L2）のリンク仕様書例

ブジェクトとのやりとりではなく，両者の間の複雑な関係の存在を表現している．

図 8.19 に UOB「診察する」の詳述文書を示す．ここでは，おおまかな流れとして捉えた各 UOB に関わる細かな情報をオブジェクト，事実，制約，説明の各カラムとして記入していく．

> **詳述文書（Elaboration Document）**
>
> UOB ラベル：診察する
> UOB 番号：3
>
> オブジェクト（Objects）：
> カルテ，患者，医者，処方せん
>
> 事実（Facts）：
> 検査結果をもとに，患者の診察を行う．
>
> 制約（Constraints）：
> 問診終了後，検査結果を見てから患者を診察し，処方せんを出す．
>
> 説明（Description）：
> 患者の診察作業を行う．

図 8.19　UOB「診察する」の詳述文書

図 8.20 にオブジェクト状態遷移図を示す．プロセスフローで捉えたおおまかな処理の流れは，オブジェクト状態遷移図で，それを構成するオブジェクトという細かい単位で捉えることができる．ここでは，プロセスフローに関与しているオブジェクト（患者，看護師，受付係，薬剤師，医師，検査技師，会計係）の状態遷移を示す．図 8.20 では，1 つのオブジェクトの状態遷移の範囲を破線で囲って示している

プロセスフローは病院という大きな単位で作成したのに対し，オブジェクト状態遷移図は，病院を構成している小さな単位のオブジェクトである患者，看護師，受付係，薬剤師，医師，検査技師，会計係で作成してある．ほかにも，カルテや処方せんをオブジェクトとして考えることができる．これらは複数の状態をとるオブジェク

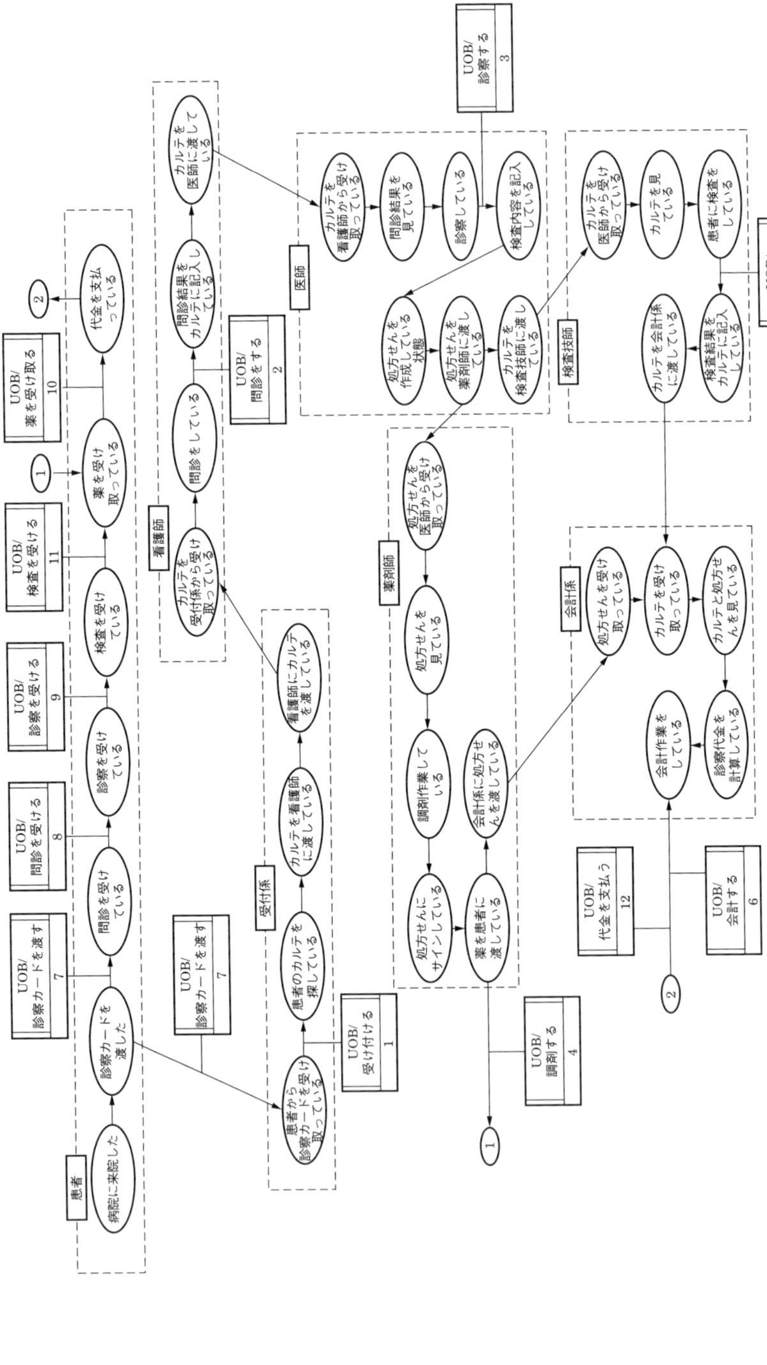

図 8.20　医療情報システムのオブジェクト状態遷移図

トであるため，オブジェクト状態遷移図を作成する候補となる．しかし，IDEF3 はあくまで業務エキスパートの知識を描写として捉えることが目的であるため，すべてのオブジェクトについてオブジェクト状態遷移図を作成しなくてもよい．

この例では，カルテや処方せんの状態はそれを扱う作業者の状態として記述されていると考えることができるので省略した．例えば，受付係，看護師，薬剤師などは，カルテを渡す，処方せんを受け取るなどの状態をとっている．これらは，カルテや処方せんの状態を間接的に表現していると考えられる．

また，オブジェクト状態遷移図には，オブジェクトと各 UOB との関係をレファレントとして記入する．UOB は，2 つのオブジェクトの状態を横断する遷移条件としても捉えることができる．例えば，レファレント「診察カードを渡す」は，患者の「診察カードを渡した」から「問診を受けている」の遷移条件となっている．このレファレントは，患者の「診察カードを渡した」から受付係の「患者から診察カードを受け取っている」との間からも参照される．

参考文献

■ 第 1 章

1) Douglas Taylor Ross：Structured Analysis (SA): A Language for Communicating Ideas, IEEE Trans. SE-3(1), 16-34 (1977)

2) Daniel Teichroew et al.：PSL/PSA: A Computer Aided Technique for Structured Documentation and Analysis for Information System, IEEE Trans. SE-3(1), 41-48 (1977)

3) Perices Loucopoulos and Vassilios Karakostas：Systems Requirements Engineering, McGraw-Hill (1995). 富野 壽 監訳：要求定義工学, 共立出版 (1997)

4) ACM SIGSOFT SE Note, 7-5 (1982)

5) 有沢 誠：ソフトウェアプロトタイピング, 近代科学社 (1986)

6) 伊藤 潔, 本位田 真一：プロトタイピングツール, 情報処理, 30(4), 387-395 (1989)

7) 日本銀行：電子マネーとは何ですか？
https://www.boj.or.jp/announcements/education/oshiete/money/c26.htm/

8) 長谷部 忍：最新電子マネーの仕組み, OKI テクニカルレビュー, 第 209 号, 74(1) (2007)

9) 河野 勝利：電子マネーシステムを支える基盤技術―利便性とセキュリティを両立させるために―, IT ソリューションフロンティア 2009 年 12 月号, 野村総合研究所 (2009)

10) 伊藤 潔：情報系＋α ことのは辞典, 近代科学社 (2010)

11) Ian Sommerville：Software Engineering 9th Edition, Addison-Wcolcy (2010)

12) Glenn Brookshear and Dennis Brylow：Chapter 7 Software Engineering, in "Computer Science: An Overview", 12th Edition, Pearson (2014)

13) 一般財団法人 ITS サービス高度化機構：ETC とは
https://www.its-tea.or.jp/its_etc/service_etc.html

14）一般財団法人 道路交通情報通信システムセンター：VICS とは？
https://www.vics.or.jp/know/about/index.html

■第 2 章

1）平山 輝, 宗平 順己 監修, 池田 大, 今井 英貴, 大場 克哉, 谷上 和幸, 明神 知, 宗平 順己 著：百年アーキテクチャ, 日経 BP 社 (2010)

2）Alfred DuPont Chandler：Strategy and Structure: Chapters in the History of the Industrial Enterprise, MIT Press (1962)

3）Michael Porter：Competitive strategy: techniques for analyzing industries and competitors, Free Press (1980)

4）ロバート キャプラン, デビット ノートン 著, 櫻井 通晴, 伊藤 和憲, 長谷川 惠一 監訳：戦略マップ―バランスト・スコアカードによる戦略策定・実行フレームワーク―, ランダムハウス講談社 (2005), 復刻版, 東洋経済新報社 (2014)

5）IRM 研究会：情報資源管理ハンドブック, 小学館 (1991)

6）明神 知：CASE 実施例―大阪ガスのケース―, オペレーションズ・リサーチ, 40(2), 99-105 (1995)

7）ISO/IEC 11179-5:2015 Information technology — Metadata registries (MDR) — Part 5: Naming principles
https://www.iso.org/standard/60341.html

8）DAMA International 編著, DAMA 日本支部, Metafind コンサルティング株式会社 監訳：データマネジメント知識体系ガイド 第二版, 日経 BP 社 (2018)

9）Peter Pin-Shan Chen：The entity-relationship model—toward a unified view of data, ACM Transactions on Database Systems, 1(1), 9-36 (1976)

10）John Zachman：A Framework for Information Systems Architecture, IBM System Journal, 26(3), 276-292 (1987)

11）マーチン ファウラー 著, 堀内 一 監訳, 児玉 公信, 友野 晶夫 訳：アナリシスパターン―再利用可能なオブジェクトモデル―, アジソン・ウェスレイ・パブリッシャーズ・ジャパン (1998)

12）羽生 貴史：顧客管理システム再構築におけるデータモデルパターン "Party Model" の活用, UNISYS TECHNOLOGY REVIEW, 第 111 号 (2012)

13) Tom DeMarco：Structured Analysis and System Specification, Prentice Hall (1979). 高梨 智弘, 黒田 順一郎 監訳：構造化分析とシステム仕様 新装版, 日経 BP 社 (1994)

14) 加藤 正和：かんたん！エンタープライズ・アーキテクチャ―UML による「業務と情報システムの最適化計画」の立案―, 翔泳社 (2004)

15) 民間企業向け EA（Enterprise Architecture）導入ガイドの紹介, 電子情報技術産業協会（JEITA）(2005)
https://home.jeita.or.jp/is/committee/solution/sankou-siryou/CEATEC2005CONFERENCE_EAguide1006.pdf

16) Zachman International
https://www.zachman.com/

17) Erich Gamma, Richard Helm, Ralph Johnson, John Vlissides 著, 本位田 真一, 吉田 和樹 監訳：オブジェクト指向における再利用のためのデザインパターン 改訂版, ソフトバンククリエイティブ (1999)

18) Rebecca Wirfs-Brock, Brian Wilkerson, Lauren Wiener：Designing Object-Oriented Software, Prentice-Hall (1990)

19) 加藤 正和 監修, 大場 克哉, 左川 聡, 橋本 誠, 藤倉 成太, 明神 知 著：仕事の流れで理解する 実践！SOA モデリング, 翔泳社 (2007)

20) Thomas Erl：SOA Design Patterns, Prentice Hall (2008)

21) 宗平 順己：BPM＋SOA, ビジネスサイドからの情報システム設計の新しいアプローチ, 日本情報経営学会誌, 28(2), 88-96 (2007)

22) James Lewis, Martin Fowler：Microservices (2014)
https://martinfowler.com/articles/microservices.html

23) Sam Newman 著, 佐藤 直生 監訳, 木下 哲也 訳：マイクロサービスアーキテクチャ, オライリー・ジャパン (2016)

24) Chris Richardson 著, 樽澤 広亨 監修, 長尾 高弘 訳：マイクロサービスパターン―実践的システムデザインのためのコード解説―, インプレス (2020)

■第 3 章

1) Stacy Prowell, et al.：Cleanroom Software Engineering, Addison-Wesley (1999)

2） ナンシー レブソン 著, 松原 友夫 監訳, 片平 真史 他 訳：セーフウェア 安全・安心なシステムとソフトウェアを目指して, 翔泳社 (2009)

3） 情報処理推進機構社会基盤センター：はじめての STAMP/STPA（実践編）(2017)

4） マーク・スティックドーン 他 著：THIS IS SERVICE DESIGN THINKING .Basics - Tools - Cases, ビー・エヌ・エヌ新社 (2013)

5） 北海道情報大学健康情報科学研究センター：食の臨床試験
https://hisc-do-johodai.jp/clinical-trial/

6） Corey Lofdahl：Designing Information Systems with System Dynamics A C2 example (2005)

7） 湊 宣明：Business Model Canvas と System Dynamics の統合によるビジネスモデル設計評価手法, システムダイナミックス, No.12 (2013)

8） Satoru Myojin et al.：A PRACTICAL APPLICATION OF BUSINESS SYSTEM IN enPiT2, 14th International CDIO Conference, Kanazawa Institute of Technology (July, 2018)

9） Vijay Govindarajan：The Three-Box Solution: A Strategy for Leading Innovation, Harvard Business Review Press (2016)

■第 4 章

1） James Martin：INFORMATION ENGINEERING Book 1 Introduction, Prentice-Hall (1989). 竹林 則彦 訳：インフォメーション・エンジニアリング I, トッパン (1991)

2） Michael Porter：Competitive Advantage: Creating and Sustaining Superior Performance, Free Press (1998)

3） Takashi Fuji：Finding Competitive Advantage in Requirements Analysis Education, Proceedings of 13th IEEE International Requirements Engineering Conference, 493-494 (2005)

4） Takashi Fuji：IT Project Managers and Bushido: What is A Common Trait?, Proceedings of 6th International Conference on Project Management, 18-24 (2012)

■第5章

1） エリック・リース 著, 井口 耕二 訳：リーン・スタートアップ ムダ
のない起業プロセスでイノベーションを生みだす, 日経 BP 社
(2012)

2） ジェフ・ゴーセルフ, ジョシュ・セイデン 著, 坂田 一倫 監訳, 児島
修 訳：Lean UX アジャイルなチームによるプロダクト開発（第 2
版）, オライリー・ジャパン (2017)

3） Jonathan Rasmusson 著, 西村 直人, 角谷 信太郎 監訳：アジャイ
ルサムライ 達人開発者への道, オーム社 (2011)

4） Kent Beck, Cynthia Andres 共著, 角 征典 訳：エクストリームプ
ログラミング, オーム社 (2015)

5） Jeff Patton 著, 川口 恭伸 監訳, 長尾 高弘 訳：ユーザーストーリー
マッピング, オライリー・ジャパン (2015)

6） ケン・シュエイバー, マイク・ビードル 著, スクラム・エバンジェ
リスト・グループ 訳：アジャイルソフトウェア開発スクラム, ピ
アソン・エデュケーション (2003)

7） アジャイルソフトウェア開発宣言：
https://agilemanifesto.org/iso/ja/manifesto.html

8） アジャイル宣言の背後にある原則：
https://agilemanifesto.org/iso/ja/principles.html

9） Hirotaka Takeuchi, Ikujiro Nonaka：The New New Product
Development Game, Harvard Business Review (January/
February), 285-305 (1986)

■第6章

1） マーチン・ファウラー 著, 羽生田 栄一 監訳：UML モデリングの
エッセンス（第 3 版）, 翔泳社 (2005)

2） テクノロジックアート 著, 長瀬 嘉秀, 橋本 大輔 監修：独習 UML
（第 4 版）, 翔泳社 (2009)

3） 井上 樹：ダイアグラム別 UML 徹底活用（第 2 版）, 翔泳社 (2011)

■第7章

1）Tom DeMarco：Structured Analysis and System Specification, Prentice Hall (1979). 高梨 智弘, 黒田 順一郎 監訳：構造化分析とシステム仕様 新装版, 日経 BP 社 (1994)

2）三菱電機情報通信システム教育センター：データ分析でデータ中心アプローチが実践できる本, オーム社 (1996)

3）林 衛：ER モデル・システム分析 / 設計技法—データ中心設計のための—, ソフトリサーチセンター (1993)

4）James Lyle Peterson 著, 市川 惇信, 小林 重信 訳：ペトリネット入門—情報システムのモデル化—, 共立出版 (1984)

■第8章

1）Richard Mayer, Michael Painter, Paula deWitte：IDEF Family of Methods for Concurrent Engineering and Business Re-engineering Applications, Dorset House Publishing (1992)

2）David Marca, Clement McGowan：IDEF0/SADT Business Process and Enterprise Modeling, Eclectic Solutions Corp. (1988)

3）北川 博之, 国井 利泰：ソフトウェア仕様記述の比較的評価, bit, 10(10), 1160-1191 (1978)

4）Richard Mayer, Christopher Menzel, Michael Painter, Paula deWitte, Thomas Blinn, Benjamin Perakath：Information Integration for Concurrent Engineering (IICE) IDEF3 Process Description Capture Method Report, Knowledge Based System Inc. (1992, 1995)

索　　　引

タ　行

〈著者略歴〉

伊藤　潔（いとう　きよし）

1979 年　京都大学大学院工学研究科情
　　　　報工学専攻博士課程修了
1980 年　工学博士（情報工学）
現　在　上智大学理工学部情報理工学
　　　　科客員教授

明神　知（みょうじん　さとる）

1980 年　大阪大学大学院基礎工学研究
　　　　科物理系制御工学分野修士課
　　　　程修了
　　　　工学修士
現　在　北海道情報大学経営情報学部
　　　　先端経営学科教授，経営情報
　　　　学部長

冨士　隆（ふじ　たかし）

1969 年　上智大学理工学部数学科卒業
1998 年　博士（工学）
現　在　北海道情報大学名誉教授

川端　亮（かわばた　りょう）

1998 年　上智大学大学院理工学研究科機
　　　　械工学専攻博士前期課程修了
1998 年　博士（工学）
現　在　上智大学理工学部情報理工学科
　　　　准教授，情報科学教育研究セン
　　　　ター所長

熊谷　敏（くまがい　さとし）

1986 年　慶應義塾大学大学院工学研究科
　　　　管理工学専攻修士課程終了
2000 年　博士（工学）
現　在　青山学院大学理工学部経営シス
　　　　テム工学科教授

藤井　拓（ふじい　たく）

1984 年　京都大学大学院理学研究科構造
　　　　化学専攻博士前期課程修了
2003 年　博士（情報学）
現　在　オージス総研技術部ビジネスイ
　　　　ノベーションセンター

IT Text

情報システムの分析と設計

2022 年 2 月 20 日　　第 1 版第 1 刷発行

著　者　伊藤　潔・明神　知・冨上　隆
　　　　川端　亮・熊谷　敏・藤井　拓
発行者　村上和夫
発行所　株式会社 オーム社
　　　　郵便番号　101-8460
　　　　東京都千代田区神田錦町 3-1
　　　　電話　03(3233)0641(代表)
　　　　URL　https://www.ohmsha.co.jp/

© 伊藤潔・明神知・冨士隆・川端亮・熊谷敏・藤井拓 2022

組版　新生社　印刷・製本　壮光舎印刷
ISBN978-4-274-22817-9　Printed in Japan

本書の感想募集　https://www.ohmsha.co.jp/kansou/
本書をお読みになった感想を上記サイトまでお寄せください．
お寄せいただいた方には，抽選でプレゼントを差し上げます．